普通高等教育"十三五"规划教材

运动鞋计算机辅助设计

杨志锋 彭棉珠 编著

中国轻工业出版社

图书在版编目（CIP）数据

运动鞋计算机辅助设计 / 杨志锋，彭棉珠编著. —北京：中国
轻工业出版社，2018.1

普通高等教育"十三五"规划教材

ISBN 978-7-5184-1680-6

Ⅰ.① 运… Ⅱ.① 杨…② 彭… Ⅲ.① 运动鞋 – 计算机辅助设
计 – 高等学校 – 教材 Ⅳ.① TS943.74-39

中国版本图书馆CIP数据核字（2017）第262575号

内 容 简 介

本书由浅入深、循序渐进地介绍了Photoshop和Illustrator的基础知识及使用方法，并将鞋样设计融入到Photoshop和Illustrator的基础知识与实际应用中。全书内容分为两部分，第一部分为Photoshop辅助设计，内容包括：Photoshop界面组成与基本操作以及各种工具的使用方法，重点介绍了鞋样设计常用的钢笔工具、图层样式等的使用方法、鞋样设计方法与技巧、鞋样效果图的制作和后期处理以及鞋样生产工程图制作的方法和技巧；第二部分为Illustrator辅助设计，内容包括：Illustrator界面介绍、视图控制与文件操作，图形创建与编辑，运动鞋设计常用的编辑命令，板鞋效果图绘制，跑鞋效果图绘制，篮球鞋效果图绘制。

责任编辑：李建华　　　责任终审：劳国强　　　封面设计：锋尚设计

版式设计：锋尚设计　　　责任校对：晋　洁　　　责任监印：张　可

出版发行：中国轻工业出版社（北京东长安街6号，邮编：100740）

印　　刷：北京富诚彩色印刷有限公司

经　　销：各地新华书店

版　　次：2018年1月第1版第1次印刷

开　　本：787×1092　1/16　印张：15

字　　数：340千字

书　　号：ISBN 978-7-5184-1680-6　定价：80.00元

邮购电话：010-65241695

发行电话：010-85119835　传真：85113293

网　　址：http://www.chlip.com.cn

Email：club@chlip.com.cn

如发现图书残缺请与我社邮购联系调换

160295J1X101ZBW

前言

　　鞋样计算机设计是现代制鞋工业发展与社会进步、科技同步发展的产物，随着社会的发展进步，科学技术取得了快速发展，使得现代科学技术融入到现代制鞋工业的发展中。计算机鞋样设计主要应用于鞋类材料质感和色彩的搭配以及造型的设计。计算机技术在鞋样设计中的应用，方便了设计思维的拓展和设计题材的筛选，也极大提高了设计的速度和质量。现代鞋样设计离不开计算机技术的应用与发展，它也促进了制鞋工业计算机应用技术的进步与发展。

　　近年来随着我国经济的高速发展以及新兴制鞋国家的崛起，我国制鞋工业工资低廉的优势已丧失，无法与制鞋先进国家抗衡，尽管在表面上仍有辉煌的数量，而实际上利润却急剧降低。为谋求我国制鞋工业的生存与发展，业者必须改变经营发展方针，全面提升鞋类产品的附加值，而提升鞋类产品附加值最有效的途径就是提升鞋的设计水平。

　　相对欧美国家而言，我国的鞋样设计教育相对滞后，教学上的资料比较匮乏，相关的书籍也屈指可数，而鞋样计算机设计方面的书籍更是匮乏。针对现状，在此推出拙作《运动鞋计算机辅助设计》，希望能帮到更多的学习者和从业者。

　　计算机鞋样设计主要着手于计算机软件在制鞋工业的应用和技术改革的研究，本书介绍了鞋样设计的基础知识和使用方法，以及鞋样设计基础知识的应用与程序。本书在总体结构上力求做到"由浅入深，循序渐进"，强调实践操作，突出应用技能的训练，其目的是为学生从课堂训练走向"实践"提供一条便捷的途径。

由于编者是从事本课程教学工作的一线教师，虽有多年的从业经验，但由于教学、教改任务繁忙，时间有限，书中难免有差错和不足之处，敬请各位同行和读者多提宝贵意见，以便日后进行修订。

本书内容丰富、结构合理，语言简练、流畅，图文并茂。大量的鞋样设计图片做了提示和对比，力求让读者通过有限的篇幅，学习尽可能多的知识。在应用部分采用案例讲解的方法，使读者能够熟练掌握操作技巧，从而绘制出各种逼真、实用的鞋样效果图。本书适用于高职、高专院校的鞋类设计专业教材，也可以作为其他类别的高等院校专业教材，同时也可作为各类鞋样设计培训学校的教材。

本书第一部分第一章、第二章，第二部分第一章、第二章由仰恩大学的彭棉珠老师编写，其余内容由泉州师范学院杨志锋老师编写。在编写过程中得到泉州师范学院本专业的同事黄少青等老师的帮助，并得到三明学院、闽南理工学院、邢台职业技术学院、黎明职业大学、泉州华光摄影艺术学院、泉州纺织服装学院等兄弟院校教师的帮助与支持。书中有些图片无法一一注明作者，在此一并表示衷心感谢！

作者

2017年8月

目录

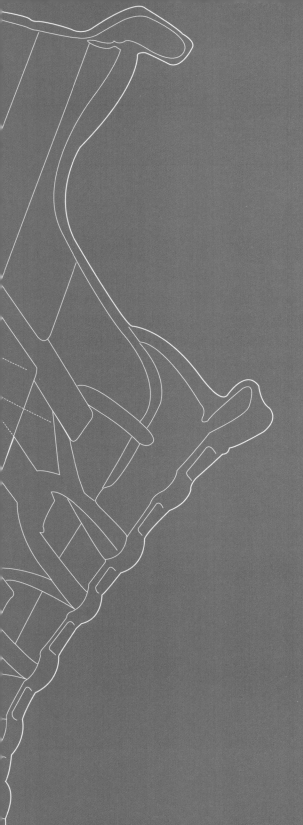

第一部分

Photoshop
辅助设计

第一章

界面介绍、视图控制与文件操作基础

1.1 Photoshop 概述

　　Photoshop 是美国 Adobe 公司推出的专业图像处理软件。其版本不断更新、功能不断增强，给图像处理工作带来的无穷乐趣，使该软件用户群日益壮大。Photoshop 为美术设计人员提供了无限的创意空间，可以从一个空白的画面或从一幅现成的图像开始，通过各种绘图工具的配合使用及图像调整方式的组合，在图像中任意调整颜色、明度、彩度、对比甚至轮廓及图像；通过各种特殊滤镜的处理，为作品增添变幻无穷的魅力。Photoshop 是从事设计人员的首选工具。

　　Photoshop 为我们提供了相当简捷和自由的操作环境，从而使我们的工作游刃有余，从某种程度上来讲，Photoshop 本身就是一件经过精心雕琢的艺术品，更像为您度身定做的衣服，刚开始使用不久就会觉得倍感亲切。

　　当然，简洁并不意味着傻瓜化，自由也并非随心所欲，Photoshop 仍然是一款大型处理软件，想要用好它并不是在朝夕之间的，只有长时间的学习和实际操作我们才能充分贴近它。

1.2 Photoshop 界面组成与基本操作

1.2.1 Photoshop 的安装与运行

　　安装好 Photoshop 中文版并运行它后，会出现如图1-1所示的界面，它包含菜单栏、选项栏、工具箱、视图控制区、浮动功能调板等几个部分。

1.2.2 菜单栏

　　菜单栏包含执行任务的菜单。这些菜单是按主题进行组织的。例如："文件"菜单中包含的是用于执行 Photoshop 的各种命令的，如图1-2所示。

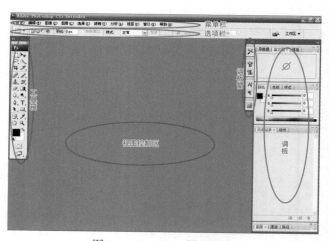

图1-1　Photoshop 界面组成

1.2.3 选项栏

　　选项栏一般位于菜单栏下方，在图像处理过程中，选择不同的工具或者进行不同的操作，选项栏里会显示出相应的选项供用户设置。例如：当选中钢笔工具时，其选项栏如图1-3所示。

图1-2　菜单栏及"文件"下拉菜单

图1-3　钢笔工具选项栏

1.2.4 工具箱

工具箱位于窗口的左侧，各工具的名称如图1-4所示。需要使用工具箱中的工具，只要用鼠标单击该工具图标即可激活该工具。当鼠标停留在工具图表上时，鼠标下方会出现该工具的名称的提示。而工具图标右下方有一个黑色三角形符号的，则表示这是一个工具组，点击该工具图标（或单击鼠标右键），将弹出隐藏的工具；在弹出的工具选项中可以选择该组中不同的工具，也可以按住 Alt 键，然后用鼠标单击工具图标切换工具组中不同的工具。

1.2.5 调板

在 Photoshop 中，调板的使用方法非常灵活，即可以根据个人喜好任意组合，也可以将他们分开，显示或隐藏。调板的基本组成元素如图1-5所示。

（1）显示或隐藏调板

在"窗口"菜单中，单击调板名称可显示或隐藏。

（2）群组调板

经常需要使用的调板，可以将其群组在一起，这样既可以节省屏幕空间，又可以方便调出所需要的调板。群组后的调板只要单

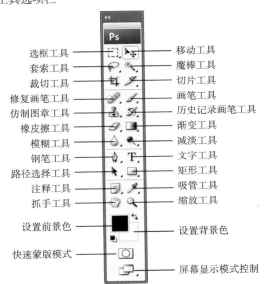

图1-4　工具箱

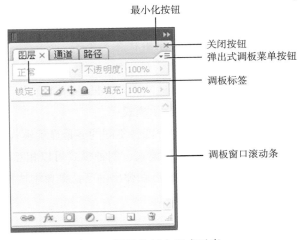

图1-5　调板的基本组成元素

击标签，就可以在不同的调板之间切换，而且这些调板可以一起被打开、关闭或最小化。步骤如图1-6所示。

图1-6　群组调板

（3）设置调板

　　每一块调板都有其不同的用途，用户可以分别设置调板的各项属性。单击调板右上角的三角形按钮，在弹出的下拉菜单中可以选择所需的各项操作，如图1-7所示。

1.2.6　文件窗口操作

（1）切换图像窗口的大小

　　如图1-8所示，单击图像窗口右上角带"方形"符号的按钮，可以对打开的窗口进行大小的切换。单击"方形"按钮切换为最大化状态，在最大化状态下单击"重叠方形"按钮，可以恢复为原始状态。单击"横杠"按钮则切换为最小化，图片

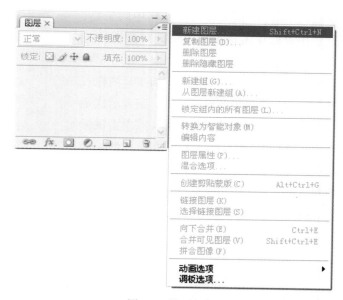

图1-7　设置调板

将处于Photoshop窗口的下方，只显示标题栏。

（2）切换屏幕显示模式

　　在Photoshop中有四种不同的屏幕显示模式：标准屏幕模式、最大化屏幕模式、带有菜单栏的全屏模式以及全屏模式，四种模式可以相互切换。点击工具箱底部"更改屏幕模式"按钮右下角的三角图标，然后在弹出的下拉菜单中选择所要的屏幕显示模式，也可以按快捷键"F"进行切换。如图1-9所示。

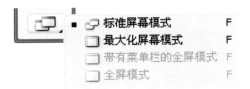

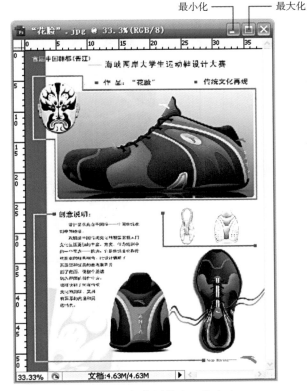

图1-9 切换屏幕显示模式

图1-8 切换图像窗口的大小

图1-10 使用"视图"菜单缩放

1.2.7 图像显示控制

在 Photoshop 中，用户可以根据需要改变图像的缩放比例来控制图像的显示大小。使用"视图"菜单、缩放工具或导航器调板等都可以控制图像的缩放比例。

（1）使用"视图"菜单缩放

单击"视图"菜单，在视图缩放命令组中选择所需的命令项，如图1-10所示。

（2）使用缩放工具缩放

①单击工具箱中的缩放工具。

②在工具选项栏可以设置缩放工具的属性，如图1-11所示。

③在图像上单击，进行缩放操作；或单击缩放工具选项栏上的相应按钮以特定尺寸显示，也可以按快捷键 Ctrl++ 或 Ctrl+- 进行缩放。

图1-11 缩放工具选项栏

1.2.8 标尺、参考线与网格

在设计鞋样时，可以使用标尺、参考线及网格等来精确定位鞋样的尺寸，这些工具能给设计师带来很大的方便。

（1）显示或隐藏标尺

执行"视图"→"标尺"命令，或者按 Ctrl+R，可以显示或隐藏标尺。标尺出现在图像窗口的上边缘和左边缘，如图1-12所示。

（2）显示或隐藏参考线和网格

选择移动工具，将鼠标移动到水平方向的标尺上点击并拖动，就可拉出水平方向的参考线；同样的方法可以拉出垂直方向的参考线，如图1-13所示。

要显示或隐藏参考线，可执行"视图"→"显示"→"参考线"命令，或者按 Ctrl+;。

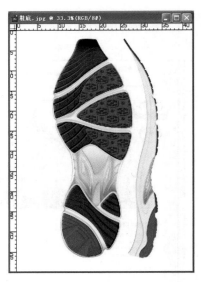

图 1-12　显示或隐藏标尺

要显示或隐藏网格，可执行"视图"→"显示"→"参考线"命令，或者按 Ctrl+"，网格显示如图1-14所示。

1.2.9　改变图像尺寸

执行"图像"→"图像大小"命令，在弹出的"图像大小"对话框中可修改图像的尺寸，如图1-15所示。在"图像大小"对话框中可以查看和修改图像的大小。

像素大小：显示图像的宽度和高度，它决定了图像在显示器上的显示尺寸。

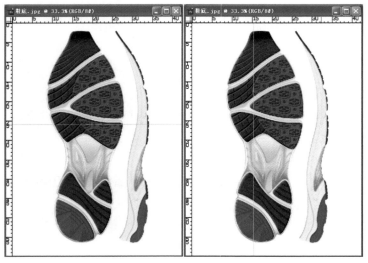

图1-13　水平参考线与垂直参考线

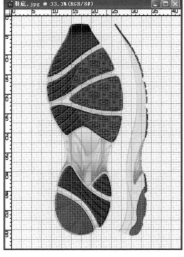

图1-14　显示网格

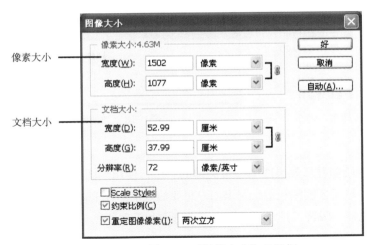

图1-15　"图像大小"对话框

文档大小：表示图像打印输出的尺寸和精度。

默认状态下图像宽度和高度的比例是锁定的，其中一个参数值改变，另一个也会按比例跟着改变。对话框的最下面有两个复选框，选中"约束比例"复选框，进行图像修改时，宽度和高度会按比例自动调整；反之，则可自由改变图像的宽度和高度。

1.2.10　画布设置

（1）设置画布的大小

"画布大小"命令可以用于添加或移去现有图像周围的工作区。扩大画布时，添加的画布与背景的颜色或透明度相同；缩小图像画布时，图像会被自动剪裁以符合新画布的大小。所以，可以通过减小画布区域来裁切图像。

执行"图像"→"画布大小"命令，弹出"画布大小"对话框，如图1-16所示。

①在"宽度"和"高度"文本框中输入新画布的尺寸。

②若选择"相对"，则输入希望画布增加或减少的数值（输入负值可减少画布的大小）。

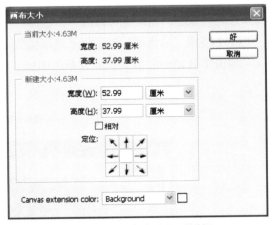

图1-16　"画布大小"对话框

③在对话框下方的定位"锚点"中，单击某个方块可以指示图像在新画布上的位置。

（2）旋转画布

选择"图像"→"旋转画布"命令，将弹出"旋转画布"命令，如图1-17所示。可根据需要选择相应的命令。

若选择"任意角度"命令，则会弹出如图1-18所示的对话框，在"角度"文本对话框中输入需旋转的角度值及方向后，单击"好"按钮，画布就会按要求进行旋转。

图1-17 "旋转画布"命令

图1-18 "旋转画布"命令对话框

1.2.11 选取颜色

颜色的选取在绘制鞋样效果图中是很关键的一步，使用绘图工具绘制鞋样时，一般要先设置好绘图的颜色，然后才能顺利地绘制出用户想要的效果。在 Photoshop 中颜色的选取通过前景色、背景色、拾色器、吸管工具、颜色调板等来选取和管理颜色。

（1）前景色和背景色

各种工具绘制图像的颜色是由工具箱中的前景色决定的，而橡皮擦工具擦除后的颜色则是由背景色决定的，前景色和背景色位于工具箱下方的颜色选取框中，如图1-19所示。

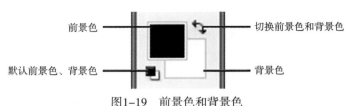

图1-19 前景色和背景色

首次进入 Photoshop 时，前景色和背景色一般为默认的黑色和白色，单击图1-19右上角的双向箭头可以切换前景色和背景色。而单击左下角的默认前景色、背景色图标，则会返回默认值。前景色和背景色的调配也可通过"拾色器"对话框来实现。

（2）使用"拾色器"对话框来选取颜色

单击工具箱中的前景色或背景色图标，即可打开"拾色器"对话框，如图1-20所示。然后

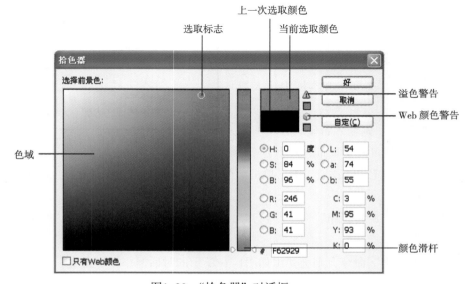

图1-20 "拾色器"对话框

在"拾色器"对话框中使用鼠标单击"色域"或拖移"颜色滑杆"来选择颜色。

（3）使用吸管工具选取颜色

使用吸管工具可以通过在图像中取样来改变前景色或背景色。操作方法如下：

①单击吸管工具。

②在图像中单击选中所需的颜色，该颜色被定义为前景色，如图1-21所示。

③按下 Alt 键，在图像中单击选中所需的颜色，该颜色被定义为背景色。

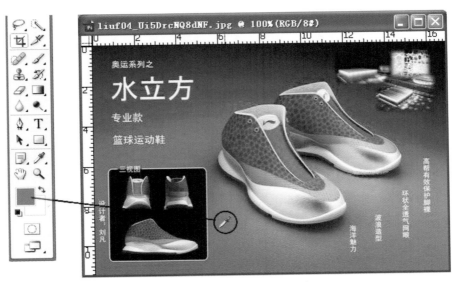

图1-21　使用吸管工具选取颜色

1.3　文件操作

1.3.1　创建新图像文件

要在 Photoshop 中创建一个新的图像文件，可执行"文件"→"新建"命令，在弹出的对话框中设置新文件的参数。新文件的对话框如图1-22所示，对话框中的各参数的含义如下：

（1）名称

用户可以根据自己需要输入文件名，若没有输入文件名，则默认为"未标题-1"，若新建多个文件，则默认的文件名会按：未标题-1、未标题-2……依次排序。当然，用户也可以在保存文件时再为新文件命名。

（2）图像大小

显示新建文件的文档大小。

（3）预设大小

可以在下拉菜单中选择预设的新文件尺

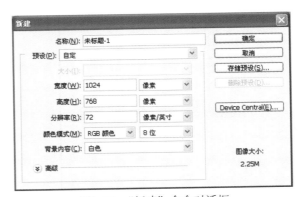

图1-22　"新建"命令对话框

寸，当然，也可以自己设置文件的大小，选择自定义，然后直接在"宽度"和"高度"数值框中输入所需要的文件尺寸；在数值栏后面的下拉列表框中可选择数值的单位。

（4）分辨率

分辨率是一个很重要的参数，在新文件宽度和高度不变的情况下，分辨率越高，图像越清晰。分辨率通常使用的单位是"像素/in"（1in=2.54cm）和"像素/cm"。一般情况下，用于屏幕显示的图像分辨率为72像素/in；用于报刊等一般印刷的图像分辨率要求达到150~200像素/in；用于彩色印刷的图像分辨率要求达到300像素/in。

（5）模式

在模式下拉菜单中，有位图、灰度、RGB颜色、CMYK颜色、Lab颜色等选项，通常选择RGB颜色模式。

（6）背景内容

用于设置文件的背景色，可以根据需要选择"白色""背景色"或"透明"，通常选择"白色"即可。

1.3.2 打开文件

打开文件的操作步骤如下：

①选择"文件"→"打开"命令，弹出如图1-23所示的对话框。

②可在"查找范围"栏中选择图像文件所在的驱动器或文件夹，寻找所需文件的位置。

③在文件类型下拉菜单中选择要打开文件的格式。若选取某一种文件格式，则只会显示按此格式存储的文件，若要显示所有文件，可选择"所有格式"，如图1-23所示。

在查找文件时，可以单击"打开"对话框中的"查看"菜单，选择"缩略图"方式，图像文件将以缩小的画面显示，如图1-24所示。

图1-23 "打开"命令对话框

图1-24 文件以缩略图方式显示

④在文件列表中选择需要打开的文件，单击"打开"按钮即可。当然，也可以通过双击图像文件来打开文件，如图1-25所示。

1.3.3 打开特定类型文件

使用"打开为"命令，可以使某些原本以其他格式保存的图像文件以特定的类型打开。具体操作为，选择"文件"→"打开为"命令，选择需要打开的文件，然后在"打开为"下拉列表中选择一种文件类型，单击"打开"按钮即可，如图1-26所示。如果文件未打开，则可能是因为选取的格式与文件的实际格式不匹配，或者是因为文件已经损坏。

图1-25　打开文件

图1-26　"打开为"命令对话框

1.3.4 打开最近处理的文件

默认情况下 Photoshop 能记录最近10次打开过的图像文件，此功能使你以最快捷的方式打开近期处理过的文件。只要执行"文件"→"最近打开文件"命令，在弹出的菜单中选择近期打开过的文件，如图1-27所示。

1.3.5 关闭鞋样文件

关闭当前使用的文件，其步骤如下：
①执行"文件"→"关闭"命令。
②如果文件进行过编辑但没有存

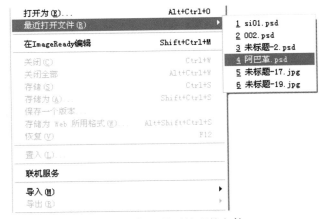

图1-27　打开最近处理的文件

储，就会弹出如图1-28所示的对话框，询问是否进行存储。选择"是"按钮，就会被存储，选择"否"按钮，文件就会维持上一次存储的状态，选择"取消"按钮，文件就不会被关闭，而维持当前状态。

图1-28 关闭文件对话框

1.3.6 存储文件

①执行"文件"→"存储"命令，即可保存图像文件了。如果是对原有的磁盘文件进行修改后再次保存，执行该命令会将原有文件覆盖掉；如果是新创建的文件（第一次保存），则会弹出"存储为"对话框，如图1-29所示。

②在文件名栏中输入文件名，在格式下拉菜单中选择文件保持的类型，最后单击"保存"按钮即可保存文件。

1.3.7 另存文件

如果打开一个图像文件，对其进行编辑处理后，需要保存最新结果或改变文件的存储格式，但又想保留原图像文件，这时可以将最新结果另存为原图像文件的一个副本。

执行"文件"→"另存为"，会弹出"另存为"对话框，如图1-30所示。可在对话框中输入副本的文件名，设置"存储选项"，单击"保存"按钮即可。

图1-29 "存储为"对话框

图1-30 "另存为"对话框

1.3.8 存储为 Web 格式文件

Web 格式的文件主要供网页编辑使用。图像文件编辑完成后，在 Photoshop 主要界面中执行"文件"→"存储为 Web 格式"命令，将弹出如图1-31所示的对话框。

在此对话框中，左侧是工具箱，有抓手工具、切片工具及缩放工具等，用户可以使用这些工具在预览图像区对 Web 图像进行选择切片等操作；在中间用户可以预览到1幅、2幅和4幅优化图像的信息；在右面选项组中，可以设置优化方案、文件格式、透明度及背景融合等参数，在右下方的颜色表和图像大小选项卡中，还可以设置 Web 图像的颜色表和图像尺寸。

1.3.9 鞋样文件打印与输出

执行"文件"→"打印预览"命令，弹出的对话框如图1-32所示，可以先设置图像在页面中的位置、打印尺寸等参数，单击"打印按钮"即可开始打印图像了。

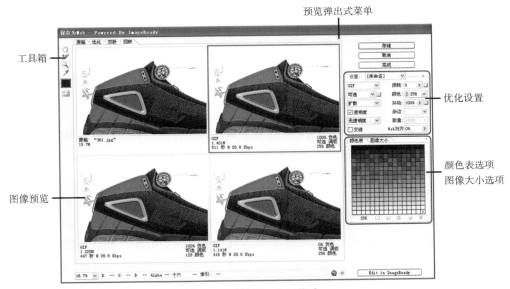

图1-31　存储为 Web 格式

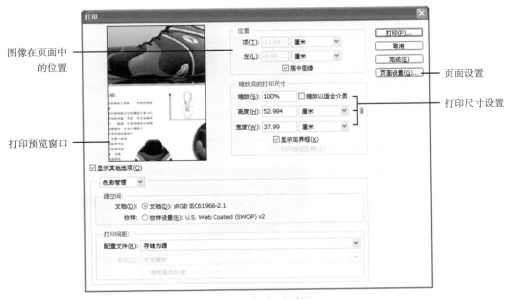

图1-32　打印对话框

1.4 鞋样图像的基本概念

1.4.1 像素

在 Photoshop 中，像素（Pixel）是组成图像的最基本单元，它是一个方形的色块，每个色块有自己特定的位置和颜色值。在 Photoshop 中缩放工具将图像放到足够大时，可以看到类似马赛克的效果，如图1-33所示，一个小方块就是一个像

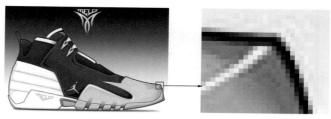

图1-33　像素

素。一幅图像单位面积内的像素越多，图像的质量越好。

1.4.2 分辨率

分辨率（Resolution）是和图像相关的一个重要概念，它是衡量图像细节表现力的技术参数。分辨率可以分为4种类型：图像分辨率、屏幕分辨率、输出分辨率和位分辨率。

①图像分辨率：图像中每单位打印长度像素（点）的数量，其度量单位通常用像素 /in（ppi）表示。高分辨率的图像比相同打印尺寸的低分辨率的图像有更多的像素，如图1-34所示。

图像分辨率的设置是决定打印品质的重要因素，分辨率越高，图像包含的像素越多，图像越清晰，图像文件也越大。例如，分辨率为72ppi的1in×1in的图像总共包含5184个像素（72×72=5184）。但1in×1in分辨率为300ppi的图像总共包含90000个像素。与低分辨率的图像相比，高分辨率的图像通常有更多的细节和更细致的颜色过渡。

②屏幕分辨率：屏幕分辨率是显示器上每单位长度显示的像素数目，通常以点 /in（dpi）为度量单位。显示器分辨率取决于显示器的大小及其像素设置。大多数新显示器的分辨率大约为96dpi。

③输出分辨率：输出分辨率是激光打印机等输出设备在输出图像时每英寸产生的油墨点数（dpi）。多数桌在激光打印机的分辨率为600dpi，而照排机的分辨率为1200dpi 或更高。大多数喷墨打印机的分辨率为300~720dpi。

④位分辨率：图像的位分辨率又称位深，是用来衡量每个像素储存信息的位数。常见有的8位、16位、24位或32位。位分辨率也可以称为颜

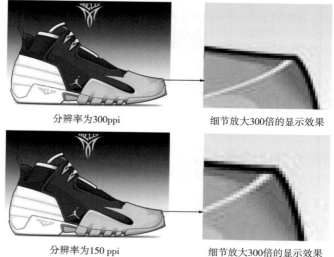

分辨率为300ppi　　　　细节放大300倍的显示效果

分辨率为150 ppi　　　　细节放大300倍的显示效果

图1-34　图像分辨率

色深度，一幅8位色彩深度的图像，所能表现的色彩等级是256级。

1.4.3 图像的种类

数字图像文件可以分为两大类：点阵图像和矢量图像。这两类图像文件各自有其不同的特点，不同的应用领域。

（1）点阵图像

点阵图像是由许多色点组成的，每一个点称为像素，每一个像素都有自己特定的位置和颜色值。点阵图像的质量与分辨率有关，就是说，如果在屏幕上把一幅低分辨率的图像放大较大的倍数，点阵图像就会出现锯齿状的边缘，如图1-35所示。点阵图像可以由 Photoshop 和其他图像编辑软件生成。

（2）矢量图像

矢量图像由直线、曲线、文字和色块组成。而这些曲线和文字以数学公式来描述。矢量图像与分辨率无关，扎它们缩放到任意尺寸并按任意分辨率打印，也不会丢失细节或降低清晰度，如图1-36所示，所以常用于标志设计、工程绘图。

图1-35 放大的点阵图像

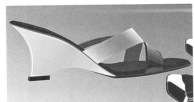
图1-36 放大的矢量图像

1.4.4 图像文件格式

目前市场上有多种图形图像处理软件，不同的软件保存文件的方式不同，就产生了不同的文件格式。Photoshop 能够打开并导入多种文件格式，处理完成的文件也可以输出为不同的文件格式。Photoshop 可以支持20多种格式的图像文件。

（1）PSD 格式

PSD 格式是 Photoshop 默认的文件格式，PSD 格式支持所有 Photoshop 软件功能，也是唯一支持所有图像模式的文件格式。这种格式可以存储 Photoshop 文件中所有的图层、图层效果、Alpha 通道、参考线、剪贴路径及颜色模式等信息。

PSD 格式在保存时会经过压缩，但与其他文件格式相比，文件要大很多。因为它存储了所有原图的信息，编辑修改很方便，所以在图像编辑过程中，最好存储为 PSD 文件格式，图像作品处理完成后，再转换为其他格式的文件。

（2）BMP 格式

BMP 格式是 Windows 系统的标准图像文件格式。BMP 格式支持 RGB、索引颜色、灰度和位图颜色模式，不支持 Alpha 通道。

（3）TIFF 格式

TIFF 格式（Tagged Image File Format）用于在应用程序和计算机平台之间交换文件，是一种灵活的位图图像格式，受几乎所有的绘画、图像编辑和页面排版应用程序的支持，几乎所有的扫描仪都可以产生 TIFF 图像。

TIFF 格式支持具有 Alpha 通道的 CMYK、RGB、Lab、索引颜色和灰度以及无 Alpha 通道的位图模式图像。Photoshop 可以在 TIFF 文件中存储图层，但是，如果在其他应用程序中打开此文件，则只有拼合图像是可见的。

（4）JPEG 格式

JPEG 格式（Joint Picture Expert Group）是一种有损图像压缩格式。利用 JPEG 格式可以高倍率地压缩图像，所以压缩后的图像文件比较小。

JPEG 格式支持 CMYK、RGB 和灰度模式，但不支持 Alpha 通道。与 GIF 格式不同，JPEG 保留 RGB 图像中所有颜色信息，但通过有选择地扔掉数据来压缩文件大小。

（5）GIF 格式

GIF 格式（Graphic Interchange Format）是网页上通用的一种文件格式，用于显示超文本标记语言（HTML）文档中的索引颜色图形和图像，最多只有256种颜色。

GIF 格式（CompuServe）保留索引 GIF 颜色图像中的透明度，但不支持 Alpha 通道。

（6）PDF 格式

PDF（Portable Document Format）是一种灵活的、跨平台和跨应用程序的文件格式。PDF 文件精确地显示并保留字体、页面版式以及矢量图像和位图图像。PDF 文件支持电子文档搜索和超链接功能。

PhotoshopPDF 格式支持标准 Photoshop 格式所支持的所有颜色模式和功能。PhotoshopPDF 还支持 JPEG 和 ZIP 压缩。

（7）EPS 格式

EPS 格式（Encapsulated PostScript）是一种通用的行业标准格式。EPS 格式同时可以包含矢量图像和位图图像，并且几乎所有的图形、图表和页面排版程序都支持该格式。EPS 格式用于在应用程序之间传递 PostScript 语言图片。当打开包含矢量图像的 EPS 文件时，Photoshop 栅格化图像，将矢量图像转换为像素。

EPS 格式支持 CMYK、RGB、Lab、索引颜色、双色调、灰度和位图颜色模式，另外 EPS 格式不支持 Alpha 通道，但支持剪贴路径。若要打印 EPS 文件，必须使用 PostScript 打印机。

1.4.5 图像色彩模式

色彩模式决定了一幅数码图像以什么样的方式在电脑中显示或打印输出。不同的色彩模式在 Photoshop 中所定义的颜色范围也不同。除了影响图像色彩的显示，色彩模式还影响的通道数和文件的大小。常见的色彩模式包括 HSB（色相、饱和度、亮度）模式，RGB（红色、绿色、蓝色）模式，CMYK（青色、洋红、黄色、黑色）和 Lab 模式。

（1）位图模式

位图模式的图像只有黑色和白色的像素，如图1–37所示，通常线条稿采用这种模式，只有双色调模式和灰度模式可以转换为位图模式，如果要将位图图像转换为其他模式，需要先将其转换为灰度模式。

在位图模式中，只有少数的工具可以使用，所有和色调有关的工具都不能使用，所有的滤镜都不能使用，只有一个背景层和一个被命名的通道可以使用。

（2）灰度模式

灰度模式通常是8位的图像，包含256个灰阶，即用256种不同灰度值来表示图像，如图1-38所示，0表示黑色，255表示白色。任何模式的图像都可转换为灰度模式，但原来图像中的彩色信息将被丢失。

在8位的灰度模式中，所有工具和大部分的滤镜都可以使用。灰度图像可以有多个层和通道，包含一个原始有灰色通道。

（3）双色调模式

双色调模式通过2～4种自定油墨创建双色调的灰度图像。双色调模式不是一个单独的图像模式，它包含四种不同的图像模式：单色调、双色调（两种颜色）、（三种颜色）和四色调（四种颜色），如图1-39、图1-40所示。

图1-37　位图模式图像

图1-39　单色图像和双色调图像

图1-38　灰度模式图像

图1-40　三色调图像和四色调图像

（4）索引色模式

索引色模式使用0～256种颜色来表示图像，当一幅RGB或CMYK的图像转化为索引颜色时，Photoshop将建立一个256色的颜色查找表（CULT）存放并索引图像所用到的颜色，如图1-41所示，因此索引色的图像占硬盘空间较小，但是图像质量也不高，适用于多媒体动画和网页图像制作。

在索引色模式下只能进行有限的编辑。所有滤镜都不可用，有一些绘图工具也不能使用，图像只有一个层，并且只有一个通道。若要进一步编辑，应临时转换为RGB模式。只有灰度和RGB模式的图像可被转换为索引颜色。

图1-41　索引色模式图像和颜色查找表

（5）RGB模式

RGB模式的图像通过R（红）、G（绿）、B（蓝）三个颜色通道，为每个像素的RGB分量指定一个介于0（黑色）到255（白色）之间的强度值，如图1-42所示。当这3个分量的值相等时，像素为灰色；当所有分量的值均为255时，像素为纯白色；当所有分量的值为0时，结果是纯黑色。因为RGB色彩模式产生颜色的方法为加色法。没有光时为黑色，加入RGB色的光产生颜色，RGB每一色都有0~255种亮度的变化，当光亮达到最大时就为白色了。

图1-42　RGB颜色模式的图像和像素的RGB颜色值

通过R、G、B三个颜色通道，RGB色彩模式的图像可以在屏幕上生成多达1670万种颜色，RGB颜色模式下的每个像素包含24（8×3）位颜色信息。

新建的Photoshop图像默认模式为RGB，计算机显示器使用RGB模型显示颜色，使用非RGB颜色模式（如CMYK）时，Photoshop将使用RGB模式显示屏幕上的颜色。

（6）CMYK模式

CMYK模式是针对印刷而设计出的一种颜色模式，由青色、洋红、黄色、黑色四种颜色组成。在Photoshop中，在C（青色）、M（洋红）、Y（黄色）、K（黑色）四个通道中为每个像素的每种印刷油墨指定一个百分比值，如图1-43所示。和RGB模式相反，CMYK色彩模式为减色法，为最亮（高光）颜色指定的印刷油墨颜色百分比较低，而为较暗（暗调）颜色指定的百分比较高。当四种分量的值均为0时，就会产生纯白色。

图1-43　CMYK颜色模式图像和像素的CMYK颜色值

在CMYK模式的图像中每像素包含32位（8×4）位颜色信息。在准备要用印刷色打印的图像时，应使用CMYK模式。将RGB图像转换为CMYK即产生分色。如果由RGB图像开始，最好先编辑，然后再转换为CMYK模式。

（7）Lab模式

Lab模式通过两个色调参数（a、b）和一个光强度参数（L）来控制色彩，如图1-44所示。在Photoshop的"拾色器"中，a分量（绿色到红色）和b分量（蓝色到黄色）的取值范围可从+128到-128。光强度的范围在0~100。在"颜色调板"中，a分量和b分量的范围为+120到-120。

Lab颜色是Photoshop在不同颜色模式之间转换时使用的中间颜色模式。如当RGB和CMYK两种模式互换时，都需要先转换为Lab模式，这样才能减少转换过程中的损耗。

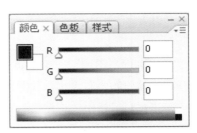

图像　　　　　　像素的 Lab 值　　　　　　Lab 颜色模式色轴

图1-44　Lab 颜色模式图像

（8）多通道模式

多通道模式可以将任何图像的多个通道转变为单个专色通道，所产生的通道是8位灰度并能表现出原来通道的灰度值。

将彩色图像转换为多通道模式时，新的灰度信息基于每个通道中像素的颜色值。如：将 CMYK 模式图像转换为多通道模式，可以创建红色、绿色和蓝色专色通道。

多通道模式主要用于特殊的输出软件和一些高级的通道操作。

1.5　应用举例

（1）本例说明

通过此案例，旨在让学生掌握画布大小命令的使用方法，学会如何调整图像文件尺寸与存储模式。最终效果如图1-45所示。

（2）上机操作

①执行"文件"→"打开"命令（Ctrl+O），打开一幅图像文件，如图1-46所示。

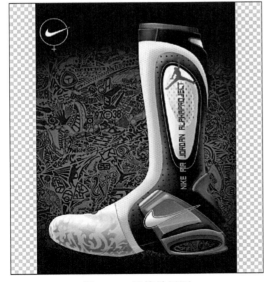

图1-45　最终效果图

图1-46　打开图像文件

②在图层调板上双击背景图层，在弹出的"新图层"对话框中单击"好"按钮，如图1-47所示。

③执行"图像"→"画布大小"命令，弹出"画布大小"对话框，在该对话框中显示了打开图像的原始画布大小，如图1-48所示。

④在对话框中，将图像画布的宽度增大5cm，也就是将原来的15.2cm改为20.2cm，设置完成后，单击"好"按钮即可，效果如图1-49所示。

⑤执行"文件"→"存储为"命令，在弹出的"存储为"对话框中设置参数如图1-50所示，设置完之后，单击"保存"按钮，即可将修改后的图像保存。

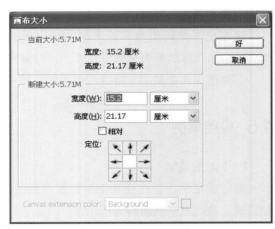

图1-47 "新图层"对话框   图1-48 "画布大小"对话框

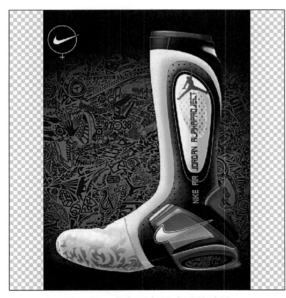

图1-49 改变画布尺寸后的效果

图1-50 "存储为"对话框

第二章

图像编辑基础

2.1 基本概念和创建选区

如果要对图像或图层的特定区域实施编辑处理，一般需要先为该区域建立选区，选区内的图像被编辑处理，而选区外的图像不受影响。

在 Photoshop 中，使用选择工具创建选区后，可以用来移动、复制、填充颜色或执行一些特殊的效果。创建选区的方法有很多，应根据需要使用最方便的方法来创建。创建选区的方法有以下几种：

①使用工具箱中的选择工具创建，如矩形工具和套索工具等建立选择范围。

②使用选择菜单中的命令来创建。

③用快速蒙版的方式创建。

④将路径转化为选区。

⑤通过 Alpha 通道创建选择范围。

2.1.1 规则选框工具

如图2-1所示，规则选框工具包括矩形选框工具（ ▢ ）、椭圆选框工具（ ○ ）、单行选框工具（ ▬ ）和单列选框工具（ ▮ ），单行或单列选框将边框定义为1个像素宽的行或列。单击选框工具，将弹出选框工具选项栏，如图2-2所示。

图2-1　规则选框工具

图2-2　选框工具选项栏

（1）选框工具选项栏中各选项栏的含义

①"羽化"的作用可使边缘柔化。图2-3为没有设定羽化进行填充后的效果，图2-4为设定羽化值为10后进行填充的效果。

②"消除锯齿"的作用是使选区的边缘平滑，默认状态为选中。

图2-3　未使用"羽化"的效果

图2-4　使用"羽化"后的效果

③"样式"下拉列表中有三个选项;

正常:可确定任意矩形或椭圆的选择范围。

约束长宽比:以输入数字的形式设定选择范围的长宽比。选择该选项,可在"长度"和"宽度"文本框中输入比例值。

固定大小:精确设定选择范围的长宽数值。选择该选项,可在"长度"和"宽度"文本框中输入比例值。

(2)使用技巧

①按住 Shift 键的同时拖拉鼠标,将得到正方形和正圆的选择范围。

②按住 Alt 键的同时拖拉鼠标,可以做出以鼠标落点为中心向四周扩散的选区。

③在按住 Alt 键的同时单击工具箱中的选择工具,就会在不同的选择工具中进行切换。如果在使用工具箱中的其他工具时按键盘上的 M 键,就可切换到选择工具。

2.1.2 魔棒工具

魔棒工具(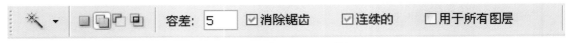)可以用来创建不规则形状的选择区域,它是利用图像中相邻像素颜色的近似程度进行选择的。魔棒工具选项栏如图2-5所示。

图2-5　魔棒工具选项栏

(1)魔棒工具选项栏中各选项栏的含义

容差:调整容差值就是调整相似颜色的多少,从而改变选取选区范围的大小,其值为0~255。容差数值越大,选择范围也就越大(表示可允许的相邻像素间的近似程度越小);容差数值越小,魔棒工具可选的范围也就越小;其默认值为22。

消除锯齿:选中此项,选取的边界较光滑,不会出现锯齿。

连续:当选中此项时,魔棒工具只能选取相邻区域的相似色,不相邻区域的相似色无法选取。如图2-6所示,在(a)和(b)两图中同样用魔棒工具在图像的左上方区域单击,其选中的区域不同。

用于所有图层:当有多个图层时,选区把所有的图层都纳入其中。

(a)选中"连续"

(b)未选中"连续"

图2-6　"连续"选项的效果

(2)使用技巧

在使用魔棒工具创建选区时,按住 Shift 键的同时用鼠标在图像中单击可多次选择增加区域;按住 Alt 键的同时用鼠标在选区中单击可以减少选区。

2.1.3 套索工具

套索工具包含有三种不同类型的套索，它们分别是：套索工具（🔾）、多边形套索工具（🔾）和磁性套索工具（🔾）。

（1）套索工具

套索工具可以创建任意形状的选区。其使用方法是按住鼠标左键拖拉，随着鼠标的移动可形成任意的选择范围，如果画的曲线是封闭的，则选区与所画曲线形状相同，如图2-7（a）所示；如果不封闭，则起点和终点会用直线连接，松开鼠标左键后就会形成自动封闭的浮动选区，如2-7（b）所示。

（2）多边形套索工具

按住 Alt 键的同时单击套索工具，可以切换为多边形套索工具，或直接在工具箱中选择多边形套索工具。采用此工具可以创建任意形状的选区，使用方法是选择多边形工具后，单击图像，然后再单击下一落点。当回到起点时，光标下会出现一个小圆圈，表示选择区域已封闭，此时单击鼠标即完成操作。

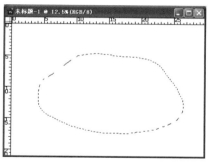

（a）曲线封闭

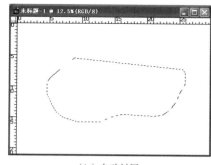

（b）自动封闭

图2-7　曲线选区

（3）磁性套索工具

磁性套索工具可自动捕捉图像中物体的边缘以形成选区。选中工具箱中的套索工具，将弹出磁性套索工具选项栏，如图2-8所示。

图2-8　磁性套索工具选项栏

①羽化：该选项用来设定边缘晕化的程度，这和其他的选项工具的用法相同。

②消除锯齿：选中此项，选取的边界较平滑。

③宽度：该选项后面数字框的数字范围是1～40，用来定义磁性套索工具检索的距离范围。例如输入数字5，再移动鼠标时，磁性套索工具只寻找5个像素距离之内的物体边缘。数字越大，寻找范围也越大，可能会导致边缘的不准确。

④边对比度：该选项后面数字框的数字范围是1%～100%，用来定义磁性套索工具对边缘的敏感程度。如果不输入较高的数字，磁性套索工具只能检索到那些和背景对比度非常大的物体边缘；输入较小的数字，就可检索到低对比度的边缘。

⑤频率：该选项后面数字框的数字范围是0～100，它用来控制磁性套索工具生成固定点的多少。频率越高，越能更快地固定选择边缘。

⑥钢笔压力：该选项只有在安装了光笔绘图板及其驱动程序时才有效。

2.2 修改选区

2.2.1 移动选区

在用户创建选区时，如果觉得选取的范围不正确，但是选区的大小和形状是适当的，这时用户就可以移动选取范围。移动选区通常有以下两种方法：

方法一：用鼠标移动，移动时只需在工具箱中选中选择工具，然后移到选取范围内，此时鼠标就会变成空心箭头和矩形虚框形状，然后按下鼠标拖动即可。

方法二：在某些情况下用鼠标进行移动很难移动到准确位置，此时需要用键盘的上、下、左、右四个方向键准确地移动选择区域，每按一下方向键可以移动一个像素点。

不管是用鼠标移动还是用键盘的方向键移动，如果在移动时按下 Shift 键则会按垂直、水平和45°角的方向移动；若在移动时按下 Ctrl 键则可以移动选择区域中的图像。

2.2.2 选区相加

如果要在已经建立的选区之外，再加上其他的选择范围，首先要在工具箱中选择一种选择工具，然后在工具选项栏中单击"▣"按钮或按住 Shift 键的同时使用选择工具，就可在现有的选区［图2-9（a）］上增加选择范围，如图2-9（b）所示。

2.2.3 选区相减

对已经存在的选区可利用选择工具将原有选区减去一部分，选择一种选择工具，在工具选项栏中单击"▣"按钮或按住 Shift 键的同时使用选择工具，就可在现有的选区上减去选择范围，如图2-9（c）所示。

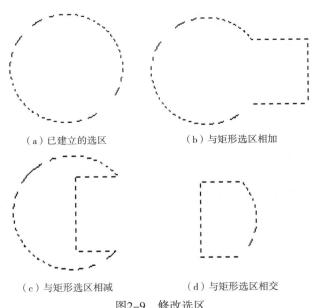

（a）已建立的选区　　　（b）与矩形选区相加

（c）与矩形选区相减　　　（d）与矩形选区相交

图2-9　修改选区

2.2.4 选区相交

选区相交的结果将会保留新建选区与原选区重叠的部分，其方法为：先创建一个选区，然后任选一种选择工具，在工具选项栏上单击"▣"按钮或按住 Shift 键和 Alt 键用鼠标创建一个新选区（与原选区部分重叠），就可以得到两个选区的交集，如图2-9（d）所示。

如果在用鼠标做出选区时，一直按住鼠标左键不松手，加按键盘上的空格键后，拖动鼠标，所形成的选区就会被移动。

2.3 "选择"菜单命令

在 Photoshop 中提供了一个对选框控制的命令集合，这就是"选择"菜单，如图2-10所示。

在"选择"菜单中有很多选项，如全选、取消选择、重新选择和反选等，下面详细介绍各项命令的功能和用法。

（1）全选

全选命令用于将全部的图像设定为选择区域，当用户要对图像进行编辑处理时，可以使用此命令。

（2）取消选择

取消选择命令用于将当前的所有选择区域取消（快捷键为 Ctrl+D）。

（3）重新选择

重新选择命令用于恢复"取消选择"命令撤消的选择区域，重新进行选定并与上一次选取的状态相同（快捷键为 Ctrl+Shift+D）。

（4）反选

反选命令用于将图层中选择区域和非选择区域进行互换，如图2-11所示即为使用反选命令前后的选区效果。

图2-10 "选择"菜单

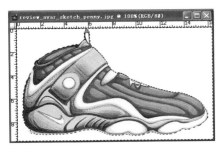

（a）选择背景

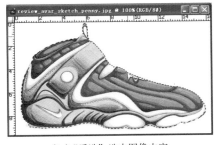

（b）"反选"选中图像内容

图2-11 反选命令

（5）羽化

该命令用于在选择区域中产生边缘模糊效果，单击此命令打开如图2-12所示的对话框，可在"羽化半径"文本框中输入边缘模糊效果的像素值，像素值越大，模糊效果越明显。

（6）修改

修改命令用于修改选区的边缘设置。它的子菜单中有四个选项，分别是"扩边""平滑""扩展"和"收缩"项，如图2-13所示。

①扩边：该命令将原有的选择区域变成带状的边框，用户可以只对选择区域边缘进行修改，边框的大小由边界对话框中的宽度参数进行设置，如图2-14所示。

②平滑：该命令通过在选区边缘上增加或减少像素来改变边缘的粗糙程度，以达到

图2-12 "羽化"命令对话框　　图2-13 修改命令选项　　图2-14 "边界选区"对话框

一种连续的、平滑的选择效果。平滑度像素的大小可以通过"平滑选区"对话框来设置，如图2-15所示。

图2-15 "平滑选区"对话框

③扩展：该命令用于将当前选择区域按设定的值向外扩充，用户可以在"扩展选区"对话框中设置扩展值，如图2-16所示。

④收缩：该命令用于将当前区域按设定的值向内收缩，用户可以在"收缩选区"对话框中设置收缩值，如图2-17所示。

图2-16 "扩展选区"对话框

（7）变换选区

该命令用于对选区进行变形操作。选择此工具后，选区的边框上将出现8个小方块，把鼠标移入方块，可以拖曳方块改变选区的大小；如果鼠标在选区以外将改变旋转式指针，拖动鼠标即可带动选定区域在任意方向上的旋转，按键盘上的回车键即可得到旋后的选区。若想取消操作，可按键盘上的Esc键。

图2-17 "收缩选区"对话框

变换选区命令可对选区进行旋转、缩放、扭曲、斜切等操作。

在图像上创建选区，执行"选择"→"变换选区"命令，选区四周将出现一个带有调节框的矩形，通过拖动调节框就可对选区进行旋转、缩放、扭曲、斜切等操作，如图2-18、图2-19所示。

图2-18 在图像上创建选区

图2-19 "旋转"变换选区

2.4 图像的编辑

图2-20 "编辑"下拉菜单

对图像文件进行修改、剪切、复制、修饰、裁切等操作都是对图像进行编辑处理。可以通过选择菜单中的"编辑"下拉菜单中的命令对图像进行编辑，如图2-20所示。

2.4.1 图像的移动

可将选区内的图像移动到某一位置或将整个图像移动位置。

①单击工具箱中的"椭圆选框工具"按钮（○），在图像中需要移动的图像位置绘制椭圆选区，如图2-21所示。

②单击工具箱中的"移动工具"按钮（▸⊹），将鼠标移至选区内，按住鼠标左键将其拖动到另一位置，松开鼠标，即可将选区内的图像移动，如图2-22所示。

提示：也可直接使用移动工具移动某一个图层中的整个图像。

图2-21 在图像中创建选区

图2-22 移动选区内的图像

2.4.2 图像的复制与粘贴

如果要对选定的图像文件或选区进行复制或粘贴，可选择"编辑"菜单中的"拷贝"与"粘贴"命令进行操作。

①打开一幅图像文件，并在图像中需要复制的部分创建选区，也可将整个图像复制、粘贴，如图2-23所示。

②选择"编辑"→"复制"命令，或按"Ctrl+C"键对选区内的图像进行复制；再选择菜单栏中的"编辑"→"粘贴"命令，或按"Ctrl+V"键对复制的选区内的图像进行粘贴，然后单击工具箱中的"移动工具"按钮，将鼠标指针移至粘贴的图像中，按住鼠标左键拖动一定距离，其效果如图2-24所示。

提示：也可将复制的图像文件粘贴到其他图像文件中。

图2-23 在图像的某一部分创建选区

图2-24 移动粘贴的图像

2.4.3 图像描边

如果需要对图像进行描边，首先打开需要描边的图像文件并建立图像的选区，如图2-25所示。完成后，选择"编辑"→"描边"命令，弹出"描边"对话框，如图2-26所示。

在"描边"选项中的"宽度"输入框中输入数值，可以设置描边的宽度，单击"颜色"右侧的颜色块，即会弹出"拾色器"对话框，可以从中选择描边的颜色。

在"位置"选项中有三个可选项，选中"居内"单选按钮，表示描边时在图像的选区边缘以内扩展；选中"居中"单选按钮，表示描边时居中于选区边缘；选中"居外"单选按钮，表示描边时在选区边缘以外扩展。

在"混合"选项区中，单击"模式"右侧的 [正常 ▾] 下拉列表框，可从弹出的下拉列表框中选择不同的混合模式对图像进行描边处理。

在"不透明度"输入框中输入数值，可设置描边的不透明度。

设置好参数后，单击"好"按钮，即可对图像进行描边，如图2-27所示。

图2-25 打开需要描边的图像并建立选区

图2-27 描边后的图像

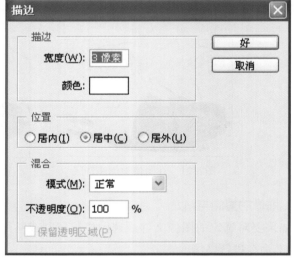

图2-26 "描边"对话框

2.5 图像变形

图像的变形其实就是对图像进行裁切变形、旋转变形、缩放变形等操作。以下具体介绍它们的使用方法和步骤。

2.5.1 图像裁切

在Photoshop工具箱中提供了一个"裁切工具"按钮（⛏），可对图像进行裁切，也可对图像进行扭曲、旋转等变形裁切。单击工具箱中的"裁切工具"（⛏），其属性栏显示如图2-28所示。

图2-28　"裁切工具"属性栏

在"宽度"输入框中输入数值，可设置图像裁切后的宽度，在"高度"输入框中输入数值，可设置图像裁切后的高度，在"分辨率"输入框中输入数值，可设置图像裁切后图像的分辨率。

单击 [前面的图像] 按钮，可通过向"宽度""高度"和"分辨率"输入框中输入数值裁切图像；单击 [清除] 按钮，可清除"宽度""高度"和"分辨率"输入框中的参数。

也可直接在图像中需要保留的部分拖拽鼠标，此时在图像中会出现一个带有控制点的裁切框，如图2-29所示。

此时，裁切工具属性栏显示如图2-30所示。

图2-29　图像裁切中的裁切框

图2-30　使用裁切工具后的属性栏

如果将鼠标指针移至图像中裁切框内双击鼠标左键，图像就会被真正地裁切，留下裁切框以内的图像，如图2-31所示。

如果要对裁切区域进行变形裁切，可在其属性栏中选中"透视"复选框，然后将鼠标指针移至图像中的裁切框上，按住鼠标左键随意拖动控制点，即可将裁切区域变形，如图2-32所示。

在变形后的裁切区域内双击鼠标左键，即可将图像变形裁切，如图2-33所示。

提示：将裁切框变形成为任何不规则的形态，在执行了裁切操作后，Photoshop 会自动将裁切后的图像调整为规则的矩形形状，如图2-32和图2-33所示。

图2-31　裁切后的图像

图2-32　变形裁切区域

图2-33　变形裁切图像

2.5.2 旋转图像

如果要对打开的文件图像进行旋转，可选择"图像"→"旋转画布"命令，在弹出的子菜单中选择相应的命令，如图2-34所示。

在此菜单中选择"180度"命令，可将整个图像旋转180°，选择"90度（顺时针）"命令，可将图像顺时针旋转90°；选择"90度（逆时针）"命令，可将图像逆时针旋转90°。

此菜单中选择"任意角度"命令，弹出"旋转画布"对话框，如图2-35所示。

在"角度"输入框中输入任意角度来旋转图像到任意角度，选中 ◉度(顺时针)(C) 或 ○度(逆时针)(W) 单选按钮，可确定图像的旋转方向。

图2-34 旋转画布下拉菜单

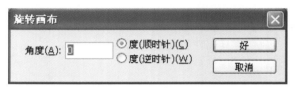

图2-35 "旋转画布"对话框

2.6 应用举例

（1）本例说明

通过此案例，让学生掌握套索工具、魔棒工具和移动工具及羽化命令的应用，学会如何删除选区内的图像，最终效果如图2-36所示。

（2）上机操作

①执行"文件"→"打开"命令，打开一幅背景图像文件，如图2-37所示。

②执行"文件"→"打开"命令，打开一幅运动鞋图像文件，单击工具箱中的"磁性套索

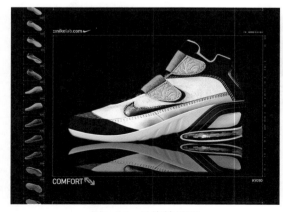

图2-36 最终效果图

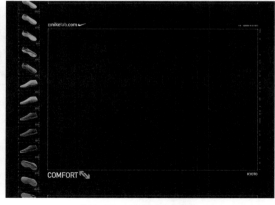

图2-37 打开背景图像

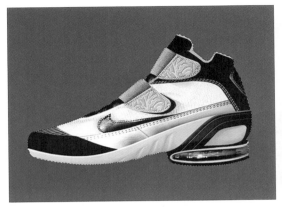

图2-38　打开运动鞋图像并建立选区

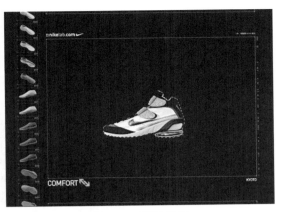

图2-39　移动图像

工具"按钮（ ），在图像中拖动鼠标创建运动鞋的选区，如图2-38所示。

　　③单击工具箱中的"移动工具"按钮（ ），将选出的运动鞋图像拖动到背景图像文件中，生成"图层1"，如图2-39所示。

　　④按"Ctrl+D"键取消选区，执行"编辑"→"自由变换"命令"Ctrl+T"，将运动鞋图像文件缩放到适合大小之后，按"Enter"完成，如图2-40所示。

　　⑤复制图层1，执行"编辑"→"自由变换"命令"Ctrl+T"，将运动鞋图像文件进行垂直翻转，并将其移动到相应的位置，按"Enter"完成，如图2-41所示。

　　⑥单击工具箱中的"矩形选取画面"（ ），在图层1副本的适合位置上建立选区，如图2-42所示。

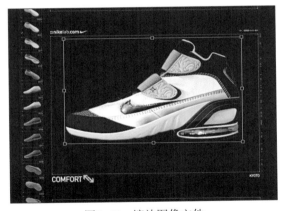

图2-40　缩放图像文件

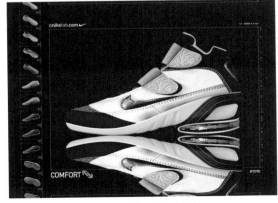

图2-41　变换图像文件

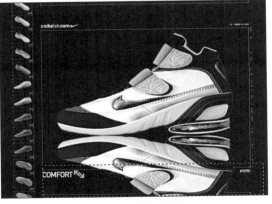

图2-42　建立选区

⑦按"Ctrl+Alt+D"键，在弹出的"羽化选框"对话框中将"羽化半径"设置为5个像素，单击好按钮，然后按"Delete"键删除图层1副本上多余的内容。按"Ctrl+D"键取消选区，如图2-43所示。

⑧在图层调板上将图层1副本的不透明度改为50%，最终效果参见图2-36所示。

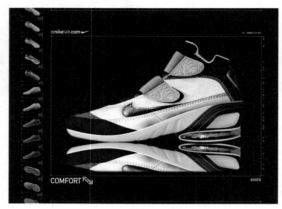

图2-43　删除选区内的图像

第三章
路径与形状

3.1 路径的概念

路径是有矢量特征的一个或多个直线段或曲线，如图3-1所示，路径可以是闭合的，也可以是开放的。另外，路径也可以被用于裁剪部分图像，以便图像导出到其他应用程序中使用。

路径的组成元素如下：

①锚点：或称节点，它是标记每条路径片段开始和结束的点，用于固定路径。在 Photoshop 中，被选中的锚点用黑色的小方块来标记，如图3-1中"a"所示，未被选中的锚点则为空心的小方块来标记，如图3-1中"b"所示。

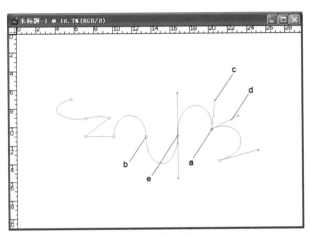

图3-1 路径造型

②方向线：在曲线段上每个选中的锚点两旁显示的一条或两条虚拟线段，如图3-1中"c"所示。

③方向点：方向线的结束点，如图3-1中"d"所示。方向线和方向点两旁的位置决定曲线段的大小和形状。移动锚点、方向点或方向线可以改变路径中曲线的形状。

④平滑点：或称曲线点。当在锚点上移动方向线时，将同时调整其两侧曲线段的锚点，如图3-1中"e"所示。

⑤角点：当在锚点上移动方向线时，只调整与方向线同侧曲线段的锚点，如图3-1中"a"所示。

在 Photoshop 中，路径的创建和编辑由路径工具、形状工具和路径选择工具来完成。

3.2 路径工具

路径工具包括五种工具：钢笔工具、自由钢笔工具、增加锚点工具、删除锚点工具和锚点转换工具。本节只着重讲解鞋样设计中常用的路径工具，在 Photoshop 工具箱的钢笔工具图标上按下左键，可以弹出其他隐藏的路径工具，如图3-2所示。

图 3-2 钢笔工具组

3.2.1 钢笔工具

钢笔工具是最基本的和常用的路径绘制工具，用于创建或编辑直线、曲线或自由线条的路径。

3.2.1.1 钢笔工具选项栏

当选中钢笔工具后，"钢笔工具选项栏"会在 Photoshop 窗口中显示出来，如图3-3所示。

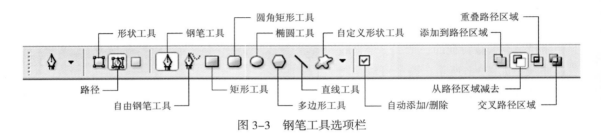

图 3-3　钢笔工具选项栏

"形状工具"按钮，表示当前正在创建或编辑图形、形状图层。

"路径"按钮，表示当前正在绘制路径。

"钢笔工具"，选中表示当前使用的是钢笔工具。

"自由钢笔工具"，选中表示当前使用的是自由钢笔工具。

"添加到路径区域"按钮，选中可将新区域添加到重叠路径区域。

"从路径区域减去"按钮，选中可将新区域从重叠路径区域减去。

"交叉路径区域"按钮，选中会将路径区域限制为所选路径区域和重叠路径区域的交叉区域。

"重叠路径区域除外"按钮，选中可从合并路径中排除重叠区域。

"矩形工具"按钮、"圆角矩形工具"按钮、"椭圆工具"按钮、"多边形工具"按钮、"直线工具"按钮及"自定义形状工具"按钮在鞋样设计中主要是用来绘制鞋带、鞋眼孔等小部件的。

"自动添加 / 删除"按钮，选中此选项在单击线段时会自动添加锚点或在单击线段时自动删除锚点。

3.2.1.2 使用钢笔工具绘制直线和曲线

（1）使用钢笔工具绘制直线

方法如下：

①选中"钢笔工具"。

②确认钢笔工具选项栏中"路径"按钮被按下。

③确认钢笔工具选项栏中的"橡皮带"选项没有被选中（单击工具选项栏的向下箭头），如图3-4所示。

④将钢笔工具指针定位在绘图起点处并单击，定义第一个锚点。

⑤将钢笔工具指针移动到直线终点的位置，单击鼠标，两个锚点之间即会创建一条直线。在单击终点的位置的同时按住 Shift 键可以将该直线段的角度限制为45°角的倍数。

最后添加的锚点总是被选中的锚点，所以总以黑色的小方块

图 3-4　"橡皮带"选项

表示，而先前创建的锚点则为空心方块，如图
3-5所示。

（2）使用钢笔工具绘制曲线

方法如下：

①选中"钢笔工具"。

②将钢笔指针定位在曲线起点处，单击并
拖动鼠标，可以定义曲线第一个锚点的位置和
第一段曲线的部分弧度，如图3-6所示。

③释放鼠标，形成第一个锚点。

④将钢笔指针移动到曲线第二个锚点的位

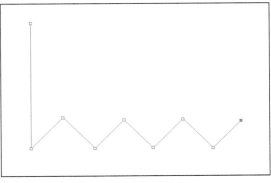

图3-5　锚点的状态

置上，单击、拖动并释放鼠标，两个锚点之间即会创建一条曲线，如图3-7所示。

⑤如果希望结束此曲线使之成为一个开放路径，按住 Ctrl 键单击路径以外的任何位置即可。
如果希望建立闭合，将钢笔指针移动到第一个锚点的位置，此时指针变为图3-8所示，单击即可
建立一个封闭的路径，创建完成的路径，如图3-9所示。

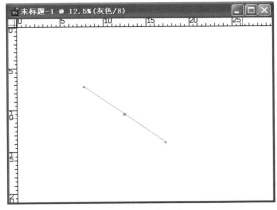

图3-6　创建锚点

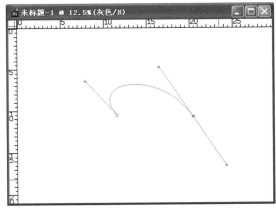

图3-7　创建曲线

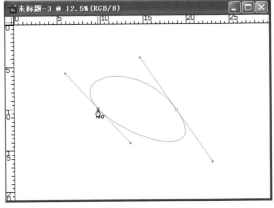

图3-8　钢笔指针的状态

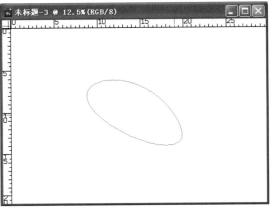

图3-9　创建完成的闭合路径

⑥如果要改变一个方向线的方向，可以将钢笔指针放在方向线的方向点上，按住 Alt 键，同时将鼠标向其他方向拖动，如图3-10所示，然后释放 Alt 键，继续创建锚点，如图3-11所示。

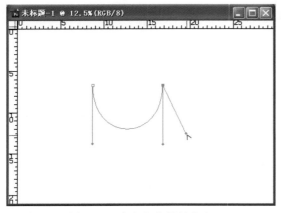

图3-10　改变方向线的方向

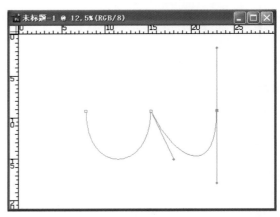

图3-11　继续创建锚点

3.2.2　添加锚点工具

路径创建完成后，如果要改变路径中的锚点数量，可以在已完成的路径添加锚点以改变路径中锚点的密度。在工具箱里选择添加锚点工具，将鼠标放在已创建的工作路径上，鼠标的右下角会出现加号，在目标位置处单击，即可在工作路径上添加锚点，拖动新锚点两旁的方向点，即可改变该锚点两旁的曲线，如图3-12所示。

3.2.3　删除锚点工具

通过删除不需要的锚点可以减少路径的复杂程度。在工具箱里选择删除锚点工具，将鼠标放在工作路径中需要删除的锚点上，鼠标的右下角会出现减号，在目标位置处单击，即可在工作路径上删除锚点，如图3-13所示。

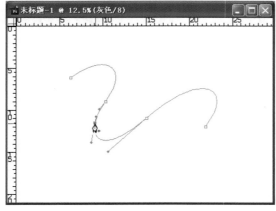

图3-12　添加锚点

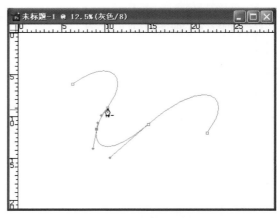

图3-13　删除锚点

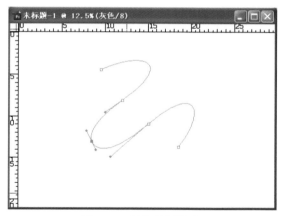

图3-14　转换的平滑点

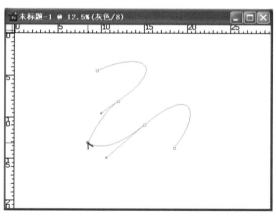

图3-15　平滑点转换为角点

3.2.4 转换锚点工具

转换锚点工具是用于将曲线路径上的平滑点转换为角点，或者将角点转换为平滑点。

①平滑点转换为角点：选择工具箱内的转换锚点工具（或者按住 Alt 键），然后在需要转换的平滑锚点上单击即可，如图3-14、图3-15所示。

②角点转换为平滑点：选择工具箱内的转换锚点工具（或者按住 Alt 键），在路径的角点处单击并拖动鼠标可拉出两条方向线，角点即可转换为平滑点，如图3-16所示。

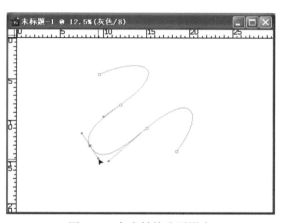

图3-16　角点转换为平滑点

3.3　路径选择工具

路径选择工具包括路径整体选择工具和直接选择工具，主要用于选择整体路径、路径组件或路径段。

3.3.1 路径整体选择工具

路径整体选择工具是用于选择一个或几个路径（要选择多个路径，可以按住 Shift 键并同时单击目标路径），可对之进行移动、组合对齐、平均分布或变形、删除等操作。在这里只讲解一些鞋样设计里常用的功能。

在工具箱中单击路径整体选择工具后，显示的路径整体选择工具选项栏，如图3-17所示。

图3-17　路径整体选择工具选项栏

路径创建完成之后，根据需要对路径进行变形操作。在工具选项栏中"显示顶界框"选项后，路径周围会出现8个控制点，如图3-18所示。出现变形光标后即可拖动鼠标对路径进行变形操作（在进行变形操作的同时按住Shift可进行等比例缩小或放大）。

3.3.2 直接选择工具

直接选择工具是用于移动路径的部分锚点或路径段，或者调整路径的方向点和方向线的，而其他未被选中的锚点或路径段则不被改变，如图3-19所示。

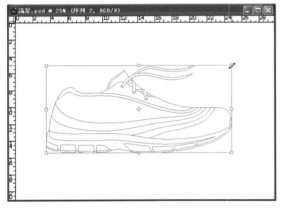

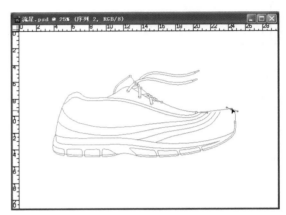

图3-18　变形路径　　　　　　　　　　图3-19　直接选择工具

3.4 路径调板

执行"窗口"→"路径"命令，可以调出路径调板，如图3-20所示。在路径调板中列出了每条存储的路径、当前工作路径和当前矢量蒙版的名称及缩览图像。要查看某条路径，必须先在路径调板中单击选中该路径。

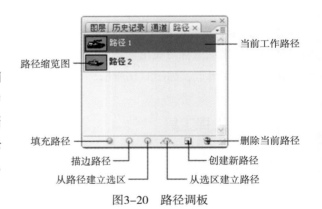

图3-20　路径调板

3.4.1 选择/取消路径

如果要使用或修改路径，必须先选中该路径。在路径调板中的路径名或路径缩览图上单击，即可选中路径，如图3-21所示。但一次只能选中一条路径，如果要取消路径的选择，只要在路径调板的空白区域单击，即可取消任何路径的选中，如图3-22所示。

3.4.2 保存路径

如果直接使用钢笔工具或形状工具创建路径，新建的路径将被作为"工作路径"被添加到路径调板中。工作路径是在路径调板中的临时路径，用于定义形状的轮廓。如果不保存工作路径，再次绘制路径时，新路径将取代原有的路径。

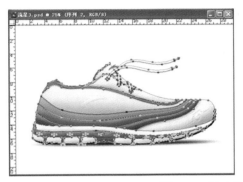

图3-21　选中路径

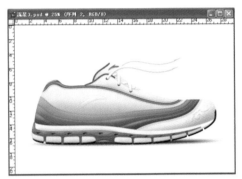

图3-22　取消路径的选择

要保存工作路径，只要将工作路径拖动到路径调板的"新建路径"按钮上松开鼠标即可，如图3-23所示。新路径将以缺省名称命名，如果需要更改名称，鼠标双击路径缩览图或路径名称，即可重新命名路径。

图3-23　保存路径

3.4.3 复制路径

复制路径有两种常用的方法：

方法一：在路径调板中单击选中所需复制的路径，拖动到路径调板下方的"新建路径"按钮上松开鼠标即可，系统会以缺省名称命名复制的路径。

方法二：在路径调板中选中所要复制的路径，然后单击鼠标右键在弹出的下拉菜单中选择"复制路径"命令，或在路径调板的弹出菜单中选择"复制路径"命令，最后在弹出的"复制路径"对话框中为所复制的路径命名，单击确定即可。

3.4.4 删除路径

如果需要删除某个路径，首先在路径调板中选中该路径，将之拖动到路径调板的"删除路径"按钮上松开鼠标即可。

如果需要删除一个路径的某段路径，先使用直接选择路径工具框选所要删除的路径段，然后按下 Delete 键将其删除即可。

3.4.5 将选区转换为路径

如果图像中有选区存在，可以将其定义为封闭的路径。

方法一：在有选区存在时，执行路径调板弹出菜单的"建立工作路径"命令，在弹出如图3-24所示的"建立工作路径"对话框中，可以设置"容差"的像素值。"容差"的取值范围在0.5～10，容差值越大，转换后的路径锚点就越少，路径就越粗糙。

图3-24 "建立工作路径"命令

方法二：建立如图3-25所示选区后，单击在路径调板下方的"从选区生成路径"按钮，即可在路径调板中新建一个工作路径。如果希望设置转换时"容差"的像素值，可在单击按钮的同时按住 Alt 键，可以调出"建立工作路径"对话框，输入容差值后确定即可。转换后的效果如图3-26所示。

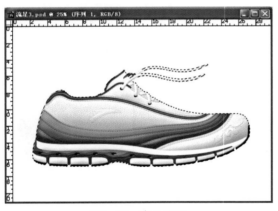

图3-25 建立选区

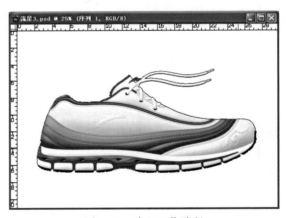

图3-26 建立工作路径

3.4.6 将路径转换为选区

路径创建完成后，也同样可以转换为选区，以便进行图像的编辑。

在路径调板中，按住 Ctrl 键的同时将鼠标移动到需要转换的路径上，然后单击即可产生选区，如图3-27所示。也可在选中所要转换的路径时按下 Ctrl+Enter，即可产生选区。将路径转换为选区的较多，这里就不一一陈述了。

图3-27 将路径转换为选区

3.4.7 填充路径

填充路径是指在图层上使用指定的原色、图案或模式等来

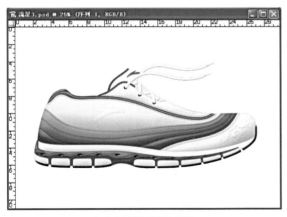

（a）填充路径前的图像

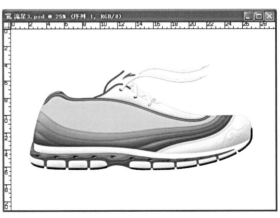

（b）填充路径后的效果

图3-28　填充路径

填充路径所包含的范围。填充效果如图3-28所示。

　　在路径调板中选中所需填充的路径后，单击调板下方的"用前景色填充路径"按钮即可填充路径。或者执行路径调板弹出菜单中的"填充路径"命令，此时会弹出"填充路径"对话框，如图3-29所示，在按照需要设置各选项后确定即可。

3.4.8　描边路径

　　描边路径是指在土层中，给路径所围成

图3-29　"填充路径"命令

的边线用各种画笔进行描边，其效果如图3-30所示。在鞋样设计中是不可或缺的步骤。

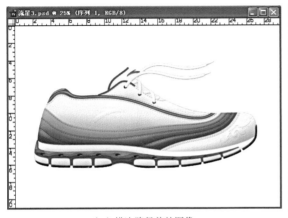

（a）描边路径前的图像

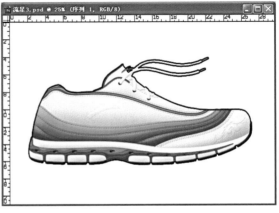

（b）描边路径后的效果

图3-30　描边路径

在路径调板中选中所需描边的路径后，单击路径调板下方的"用画笔描边路径"按钮，即可完成描边，或者单击鼠标右键，在弹出的下拉菜单中选择"描边路径"选项，此时会弹出"描边路径"对话框，如图3-31所示，在对话框的工具选项栏中可以选择各种用于描边的画笔，一般用画笔工具。

图3-31　"描边路径"对话框

3.5　形状工具

形状工具如图3-32所示，主要用于在图像中快速绘制直线、矩形、圆角矩形、椭圆和多边形等形状。在 Photoshop 中，也可以绘制和创建自定义的形状库，以便重用自定义形状。

在鞋样设计中，形状工具主要是用来绘制如鞋带、鞋眼孔等一些细节性的部件。下面介绍几个常用的工具。

图3-32　形状工具组

3.5.1 矩形工具

矩形工具用于绘制矩形或正方形的路径和形状。在工具箱中选择矩形工具，即会出现矩形工具选项栏，单击自定义形状工具按钮右侧的向下箭头，会弹出"矩形选项"窗口，如图3-33所示。

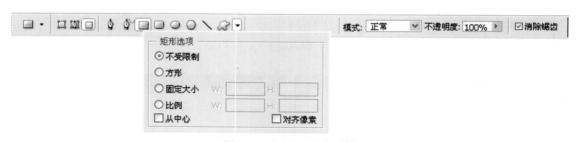

图3-33　矩形工具选项栏

其各选项含义如下：

不受限制：允许通过拖移鼠标设置矩形、圆角矩形、椭圆或自定形状的宽度和高度。

方形：将形状约束为正方形。

固定大小：根据在"宽度"和"高度"文本框中输入的值，将矩形、圆角矩形、椭圆或自定形状具有固定的尺寸。

比例：根据在"宽度"和"高度"文本框中输入的值，将矩形、椭圆渲染为成比例的形状。

从中心：选中从中心开始渲染矩形、圆角矩形等形状。

对齐像素：将矩形或圆角矩形的边缘对齐像素边界。

3.5.2 圆角矩形工具

圆角矩形工具用于绘制圆角矩形、矩形等形状。根据"圆角矩形选项栏"中"半径"选项中设置的不同（数值在0～1000像素），可以绘制出不同的效果，如图3-34所示。

3.5.3 椭圆工具

椭圆工具主要用于绘制各种椭圆形状，如图3-35所示，其各选项的用法与矩形工具选项相同。

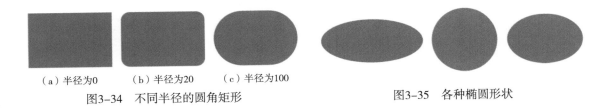

（a）半径为0　（b）半径为20　（c）半径为100

图3-34　不同半径的圆角矩形　　　　图3-35　各种椭圆形状

3.5.4 多边形工具

多边形工具主要用于绘制直线形的多边形区域，多边形工具选项栏如图3-36所示。

在多边形工具选项栏右侧的"边"选项文本框输入框中，可以输入多边形的边数，其数值为3～100。单击多边形选项窗口。其中各选项含义如下：

半径：指定多边形中心与外部点之间的距离。

平滑拐角：选中用平滑拐角渲染多边形。

星形：将多边形渲染为星形。

缩进边依据：在文本框中输入百分比，指定星形半径中被点占据的部分。如果设置为50%，则所创建的点占据星形半径总长度的一半；如果设置大于50%，则创建的点更尖、更稀疏；如果小于50%，则创建更圆的点。

平滑缩进：选中用平滑缩进渲染多边形。

多边形工具的不同设置效果如图3-37所示。

图3-36　多边形工具选项栏

图3-37　多边形工具的不同设置效果

3.5.5 自定形状工具

自定形状工具用于绘制一些不规则或自定义的形状。在工具箱中选中自定形状工具，即会出现自定形状工具选项栏。如图3-38所示。

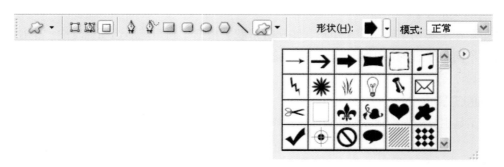

图3-38 自定形状工具选项栏

（1）绘制自定义形状

在自定义形状工具的"形状"下拉列表中，显示已载入的许多自定义形状，选中其中一种，即可在图层中拖动鼠标绘制相应形状。自定义形状的不同绘制效果如图3-39所示。

图3-39 绘制自定义形状

（2）存储自定义形状

可以将自己制作的矢量图形保存到自定义形状库中，以便今后使用。

①使用路径选取工具选中需保存的路径。

②执行"编辑"菜单下的"定义自定形状"命令，将会弹出"形状名称"对话框，如图3-40所示，输入名称后确定即可。

打开形状下拉列表，在最后会出现刚才定义的形状，如图3-41所示。

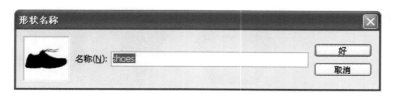

图3-40 "形状名称"对话框

图3-41 定义的形状

3.6 应用举例

（1）本例说明

通过此案例，让学生掌握钢笔工具、路径工具和描边路径命令的应用，学会运用路径创建工具绘制各种不同的路径。

（2）上机操作

①执行"文件"→"打开"，打开一幅鞋底图像文件，如图3-42所示。

②单击工具箱中的"钢笔工具"（ ），在属性栏上选择路径按钮（ ），然后绘制出鞋底的路径，绘制时要注意路径流畅性，如图3-43所示。

③按"Ctrl+BackSpace"将鞋底图层填充为白色，新建一个图层，然后单击工具箱中的"路径工具"（ ），在图像文件内单击鼠标右键，在弹出的下拉菜单中选择"描边路径"选项，如图3-44所示。

④在弹出的"描边路径"对话框中的工具选项里选择"画笔"选项，然后点击"好"按钮即可，如图3-45所示。

⑤描边路径后回到路径调板，在其空白处单击取消路径，即可得到最终效果，如图3-46所示。

图3-42　打开鞋底图像文件

图3-43　绘制完的鞋底路径

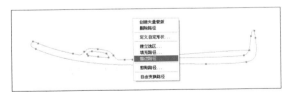

图3-44　描边路径选项

图3-45　"描边路径"对话框

图3-46　最终效果图

第四章

图像绘制、修改与文字图层

4.1 工具选项栏

单击工具箱中的工具图标可选择一种工具。工具图标下方的小三角形表示存在隐藏工具，用鼠标左键单击（或用右键单击）该图标将弹出隐藏的工具。将鼠标指针放置在工具图标上会显示提示信息，包含工具的名称和键盘快捷键。选中一种工具后，在菜单栏的下方将显示该工具的"选项栏"。

大部分工具的选项显示在工具栏内，并且会根据所选工具的不同显示相应的选项。选项栏内的一些设置（如绘画模式和不透明度等）对于许多工具都是通用的，但是有些设置则专门用于某种工具（如用于铅笔工具的"自动抹掉"设置）。

4.1.1 工具选项栏的基本操作

①执行"窗口"→"选项"命令，可显示或隐藏工具选项栏。

②单击工具箱中的一种工具（如套索工具），将弹出工具选项栏，如图4-1所示。

图4-1 套索工具选项栏

4.1.2 画笔调板

执行"窗口"→"画笔"命令，或者在某些绘画和修图工具的选项栏右侧单击调板按钮（▣）可弹出画笔调板，如图4-2所示，在画笔调板中可以对所选笔头进行各种调整。

4.2 鞋样绘图工具

4.2.1 画笔工具和铅笔工具

画笔工具和铅笔工具可以用前景色进行绘画。默认情况下，画笔工具创建柔边笔迹，而铅笔工具创建硬边手画线。不过，通过复位工具的画笔选项可以更改这些默认特性。也可以将画笔工具用作喷枪，对图像应用颜色喷涂。

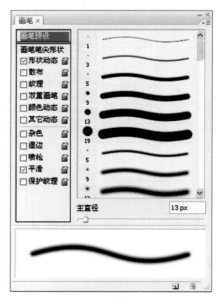

图4-2 画笔调板

（1）铅笔工具选项栏（图4-3）

图4-3 铅笔工具选项栏

各选项的含义如下：

①画笔：选取画笔和设置画笔选项。

②模式：在模式下拉列表中，可以选择使用画笔工具作图时使用的颜色与底图的混合效果。

③不透明度：在不透明数值输入框中输入百分比或单击右侧按钮调节三角形滑块，可以设置绘制图形的透明度。

④对于铅笔工具，选择"自动抹掉"可在包含前景色的区域上绘制背景色。

（2）画笔工具选项栏（图4-4）

图4-4 画笔工具选项栏

各选项的含义如下：

①流量：对于画笔工具，指定流量（流动速率）。

②喷笔：单击喷枪按钮可将画笔用作喷枪，或者在"画笔"调板中选择"喷枪"。"模式"和"不透明度"的含义与铅笔工具相似。

（3）执笔操作

①在图像中点按并拖移进行绘画。

②要绘制直线，请在图像中单击起点，然后按住 Shift 键并单击终点。

③将画笔工具用作喷枪，按住鼠标按钮（不拖移）可增大颜色量。

4.2.2 橡皮擦工具

当使用橡皮擦工具在图像中拖动时，将更改图像中的像素。如果在背景中或在透明被锁定的图层中工作，像素将更改为背景色，否则像素将抹成透明。

橡皮擦工具选项栏如图4-5所示，各选项的含义如下：

图4-5 橡皮擦工具选项栏

①画笔：选取画笔并设置画笔选项，该选项不适用于"块"模式。

②模式：选取橡皮擦模式——画笔、铅笔或块。

③不透明度：指定不透明度以定义抹除强度。100% 和不透明度将完全抹除像素，较低的不

透明度将部分抹除像素。此选项不适用于"块"模式。

④流量：在"画笔"模式中，指定流动速率。

⑤喷枪：在"画笔"模式中，单击喷枪按钮，将画笔用作喷枪。或者在"画笔"调板中选择"喷枪"选项。

⑥抹到历史记录：要抹除图像的已存储状态或快照，请在"历史记录"调板中单击状态或快照的左列，然后选择选项栏中的"抹到历史记录"。

4.2.3 渐变工具

渐变工具（■）可以创建多种颜色相间的逐渐混合，可以从预设渐变填充中选取或创建自己的渐变效果。渐变工具不能用于位图、索引颜色或每通道16位模式的图像。

渐变工具选项栏如图4-6所示。

图4-6　渐变工具选项栏

（1）应用渐变填充

①如果要填充图像的一部分，请选择要填充的区域。否则，渐变填充将应用于整个当前层图。

②通过在图像中拖移渐变填充区域。起点（按下鼠标处）和终点（松开鼠标处）会影响渐变外观，具体取决于所使用的渐变工具。

（2）在选项栏中选取渐变填充

①单击渐变样本旁边的三角形可选择预设渐变填充。

②单击渐变样本可以打开"渐变编辑器"，在渐变编辑器中可以选择预设渐变填充，或创建新的渐变填充。

（3）在选项栏中选择应用渐变填充方式

①线性渐变：以直线从起点渐变到终点。

②径向渐变：以圆形图案从起点渐变到终点。

③角度渐变：以逆时针扫过的方式围绕起点渐变。

④对称渐变：使用对称线性渐变在起点的两侧渐变。

⑤菱形渐变：以菱形图案从起点向外渐变。终点定义菱形的一个角。

如图4-7所示为各种渐变填充的效果。

图4-7　各种渐变填充效果

（4）在选项栏中执行下列操作

①指定绘画的混合模式和不透明度。

②要反转渐变填充中的颜色顺序，请选择"反向"。

③要用较小的带宽创建图平滑的混合，请选择"仿色"。

④要对渐变填充使用透明区域蒙版，请选择"透明区域"。

将指针定位在图像中设置为渐变起点的位置，然后拖移以定义终点。要将线条角度限定为45°的倍数，可按住 Shift 键进行拖动。

（5）在属性栏中单击 ![渐变按钮] 按钮

会弹出"渐变编辑器"对话框，如图4-8所示。

在"预设"选项区域中，可以选择预设的渐变样式，在对应的"名称"输入框中可显示所选预设渐变样式的名称或输入新建的渐变名称。

单击"渐变类型"右侧的"实底"下拉列表框，在弹出的下拉列表中"实底"和"杂色"两项可供选择。

在渐变条上单击鼠标添加色标，然后单击"颜色"右侧的更改所选色标框，可从弹出的"拾色器"对话框中选择所需的色标颜色。

图4-8 "渐变编辑器"对话框

4.2.4 油漆桶工具

油漆桶工具（![图标]）填充颜色值与单击像素相似的相邻像素。油漆桶工具不能用于位图模式的图像。油漆桶工具选项栏如图4-9所示。

图4-9 油漆桶工具选项栏

使用油漆桶工具操作步骤：

①指定前景色。

②指定是用前景色还是用图案填充选区，在"填充"右侧单击"前景"下拉列表框，在弹出的下拉列表中有"前景"与"图案"选项，如果选择"图案"选项，在"图案"右侧单击预设的图案样式下拉列表框，则会弹出预设的图案样式面板，如图4-10所示，可以从中选择自己需要的图案样式进行填充。

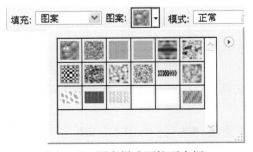

图4-10 图案样式下拉列表框

③指定绘画的混合模式和不透明度。

④输入填充的容差，容差可定义填充图像像素的颜色相似程度。容差值范围为0~255，低容差填充像素颜色非常相似的像素，高容差填充更大范围内的像素。

⑤要平滑填充选区的边缘，选择"消除踞齿"。

⑥只要填充与单击像素临近的像素，选择"连续的"；不选择填充图像中的所有相似像素。

⑦要基于所有可见图层中的合并颜色数据填充像素，选择"所有图层"；反之，只对当前图层起作用。

例如，打开一幅图像文件，如图4-11所示。

单击工具箱中的"油漆桶工具"按钮，设置前景色为黑色，在其属性栏中设置容差为10，不选中"连续的"复选框，然后将鼠标指针移至图像中的白色文字区域单击鼠标，仅用前景色填充文字，如图4-12所示。

注意：如果正在图层上工作，并且不想填充透明区域，则一定要在"图层"调板中锁定图层的透明度。

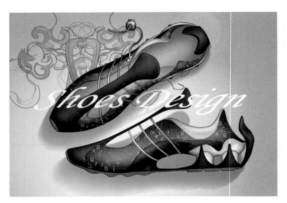 

图4-11　打开图像文件　　　　　　　图4-12　用"油漆桶工具"填充颜色

4.3　鞋样修图工具

在绘制图像的过程中有时会出现一些不满意的效果，这时就需要使用工具箱中的一些工具如仿制图章工具、图案图章工具、加深工具和减淡工具等对其进行编辑处理。

4.3.1　仿制图章工具

使用仿制图章工具可以从图像中取样，然后将其应用到其他图像或同一图像的其他部分，仿制图章工具选项栏如图4-13所示。

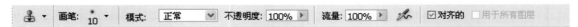

图4-13　仿制图章工具选项栏

使用仿制图章工具，需执行下列操作：

①选取画笔和设置画笔选项。

②指定混合模式、不透明度和流量。

③确定想要对齐样本像素的方式。如果选择"对齐的"，可以松开鼠标按钮，当前的取样点不会丢失。这样无论多少次停止和继续绘画，都可以连续应用样本像素。如果取消选择"对齐的"，则每次停止和继续绘画时，都将从初始取样点开始应用样本像素。

图4-14　使用仿制图章工具修补前

④选择"用于所有图层"可以从所有可视图层对数据进行取样；取消选择"用于所有图层"将只从现用图层取样。

例如，打开一幅需要使用仿制图章工具擦除的图像文件，如图4-14所示。

图4-15　使用仿制图章工具修补后

单击工具箱中的"仿制图章工具"按钮，然后按住"Alt"键将鼠标指针移至图像中需要复制（取样）处，此时鼠标指针变为同心圆加十字形状态，在图像中需要取样处单击，再将鼠标指针移至图像中需要修改的白色字母处单击，即可利用取样的图像对白色字母进行修改，直至满意为止，如图4-15所示。

注意：如果要从一幅图像中取样并应用到另外一图像，则这两幅图像的颜色模式必须相同。

4.3.2　图案图章工具

使用图案图章工具可以用图案绘画，可以从图案库中选择图案或者创建您自己的图案，图案图章工具选项栏如图4-16所示。

图4-16　图案图章工具选项栏

使用图案图章工具，需执行下列操作：

①选取画笔和设置画笔选项。

②指定混合模式、不透明度和流量。

③从"图案"弹出式调板中选择图案。

④确定想要对齐样本像素的方式。如果选择"对齐的"，可以松开鼠标按钮，当前的取样点不会丢失。这样无论多少次停止和继续绘画，都可以连续应用样本像素。如果取消选择"对齐的"，则每次停止和继续绘画时，都将从初始取样点开始应用样本像素。

⑤选择"印象派效果"可以对图案应用印象派效果。

4.3.3 修补工具

使用修补工具可以用其他区域或图案中的像素来修复选中的区域。修补工具会将样本像素的纹理、光照和阴影与源像素进行匹配。还可以使用修补工具来仿制图像的隔离区域。修补工具选项栏如图4-17所示。

图4-17　修补工具选项栏

（1）选择"源"和"目标"

①在图像中拖移已选择想要修复的区域，并在选项栏中选择"源"。

②在图像中拖移，选择要从中取样的区域，并在选项栏中选择"目标"。

（2）调整选区的方法

①按住 Shift 键并在图像中拖移，可添加到现有选区。

②按住 Alt 键并在图像中拖移，可从现有选区中减去一部分。

③按住 Alt+Shift 组合键并在图像中拖移，可选择与现有选区交叠的区域。

（3）将指针定位在选区内的方法

①如果在选项栏中选中了"源"，将选区边框拖移到想要从中进行取样的区域，松开鼠标按钮时，原来选中的区域被使用样本像素进行修补。

②如果在选项栏中选中了"源"，将选区边框拖移到要修补的区域，松开鼠标按钮时，新选中的区域被使用样本像素进行修补。

如图4-18所示，是使用修补工具进行修复前与后的效果。

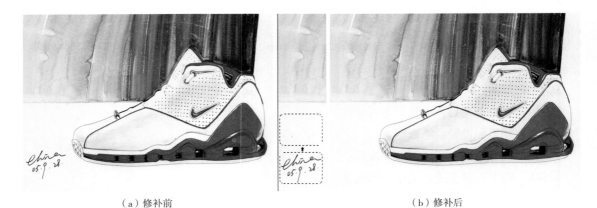

（a）修补前　　　　　　　　　　　　　　　　（b）修补后

图4-18　使用修补工具前后的效果对比

4.3.4 加深工具和减淡工具

色调工具由减淡工具和加深工具组成。减淡和加深工具采用了用于调节照片特定区域的曝光度的传统摄影技术，可用于使图像区域变亮或变暗。摄影师减弱光线使照片中的某个区域变亮（减淡），或增加曝光度使照片中的区域变暗（加深）。

（1）减淡工具

减淡工具选项栏如图4-19所示，在选项栏中执行下列操作：

图4-19　减淡工具选项栏

①选取画笔和设置画笔选项。

②选择图像中要更改的对象：在范围选项中选择"中间调"可更改灰度的中间范围；选择"暗调"可更改黑暗的区域；选择"高光"可更改明亮的区域。

③在曝光度选项中可为工具指定曝光度。

④单击"喷枪"按钮将画笔用作喷枪。或者在"画笔"调板中选择"喷枪"选项。

⑤按住鼠标左键在要修改的图像部分拖移即可，如图4-20所示是使用减淡工具前后的效果对比。

（2）加深工具

加深工具与减淡工具的功能相反，加深工具用来加深图像的颜色或选区中的颜色，加深工具选项栏如图4-21所示。操作方法与减淡工具相同。

（a）使用减淡工具前

（b）使用减淡工具后

图4-20　使用减淡工具前后的效果对比

图4-21　加深工具选项栏

4.4　画笔调板

绘画和编辑工具选项栏中的"画笔预设"选取器可用于查看、选择和载入预设画笔。在Photoshop CS 中的"画笔"调板也可用于查看、选择和载入预设画笔。

4.4.1　预置画笔

（1）显示"画笔预设"选取器和画笔调板

①选择绘画工具或编辑工具，单击选项栏中的画笔示例，将弹出"画笔预设"选取器，如图4-22（a）所示；单击选取器右上角的" ⊙ "按钮，将弹出菜单选项，如图4-22（b）所示。

②执行"窗口"→"画笔"命令，或者在某些绘画和修图工具的选项栏右侧单击画笔调板按钮可弹出画笔调板，如图4-23（a）所示；单击调板的三角形按钮，将弹出调板菜单，如图4-23（b）所示。

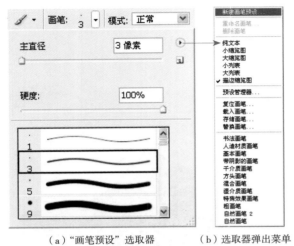

（a）"画笔预设"选取器 （b）选取器弹出菜单

图4-22 "画笔预设"选取器与选取器菜单

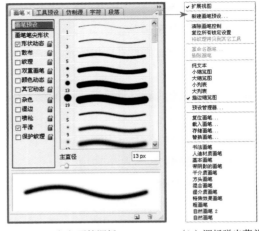

（a）画笔调板 （b）调板弹出菜单

图4-23 "画笔预设"选取器与"画笔"弹出式调
板菜单

（2）选择预设画笔

①单击"画笔预设"选取器或"画笔"调板中的画笔。

注意：如果使用"画笔"调板，则一定要选中调板左侧的"画笔预设"才能看到载入的预设。

②移滑块或输入值以指定画笔的"主直径"。如果画笔具有双重笔尖，主画笔笔尖和双重画笔笔尖都将被缩放。

③"使用取样大小"使用画笔笔尖的原始直径。此选项只有在画笔笔尖基于样本时才可用。

（3）更改预设画笔的显示方式

从"画笔预设"选取器菜单中选取显示选项：

①"纯文本"以列表形式查看画笔。

②"小缩览图"或"大缩览图"以缩览图形式查看画笔。

③"小列表"或"大列表"以列表形式查看画笔。

④"描边缩览图"查看样本画笔描边。

要动态预览"画笔"调板中的画笔描边，可将指针放在画笔上，等出现画笔笔尖后，再将指针移到其他画笔上，调板底部的预览区域将显示样本画笔描边。

（4）载入预设画笔库

从"画笔预设"选取器菜单或"画笔"调板菜单中选取下列选项之一：

①"载入画笔"将库添加到当前列表。选择想使用的库文件，并单击"载入"。

②"替换画笔"用另一个库替换当前列表。选择要使用的库文件，然后单击"载入"。

单击"好"替换当前列表，或者单击"追加"追加当前列表。

注意：也可以使用"预设管理器"载入和复位画笔库。

（5）返回到默认预设画笔库

从"画笔预设"选取器菜单或"画笔"调板菜单中选取"复位画笔"，可以替换当前列表或者将默认库追加到当前列表。

4.4.2 定制画笔形状

画笔描边由许多单独的画笔笔迹组成。所选的画笔笔尖决定了画笔笔迹的形状、直径和其他特性。可以通过编辑其选项来自定画笔笔尖，并通过采集图像中的像素样本来创建新的画笔笔尖形状。

（1）创建新的画笔笔尖形状

①使用"羽化"设置为0像素的矩形选框选择图像的一部分作为自定画笔。

画笔形状的像素大小最大可达2500×2500。为使画笔形状最鲜明，应让它显示在纯白色的背景上。如果要定义具有柔边的画笔，请使用灰度值选择像素（彩色画笔的开头显示为灰度值）。

②选取"编辑"→"定义画笔"。

③给画笔命名并单击"好"按钮。

（2）设置画笔笔尖形状选项

在"画笔"调板中，选择调板左侧的"画笔笔尖形状"，如图4-24所示。选择要自定的画笔笔尖，然后设置下面一个或多个选项。

①直径：控制画笔大小。输入以像素为单位的值，或拖移滑块，用自定形状工具创建螺线路径，然后进行描边，如图4-25所示为不同直径值的画笔描边。

②取样大小：将画笔复位到它的原始直径。只有在画笔笔尖形状是通过采集图像中的像素样本创建的情况下，才能使用此选项。

③角度：指定椭圆画笔或样本画笔的长轴从水平方向旋转的角度。输入度数，或在预览框中拖移水平轴，用自定形状工具创建波浪路径，然后进行描边，如图4-26所示为带角度的画笔创建雕刻状描边。

④圆度：指定画笔短轴和长轴的比率。输入百分比值，或在预览框中拖移点。100%表示圆形画笔，0%表示线性画笔，介于两者之间的值表示椭圆画笔。

⑤硬度：控制画笔硬度中心的大小。输

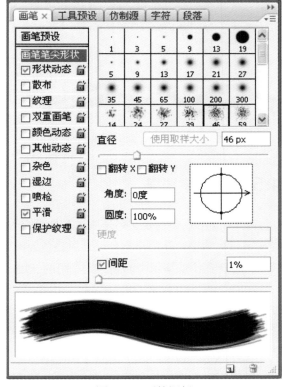

图4-24 画笔调板

图4-25 具有不同直径值的画笔描边

图4-26 带角度的画笔创建雕刻状的描边

入数字，或者使用滑块输入画笔直径的百分比值，用自定形状工具创建曲线路径，然后进行描边，如图4-27所示为不同硬度值的画笔描边。

⑥间距：控制描边中两个画笔笔迹之间的距离。如果要更改间距，输入数字，或者使用滑块输入画笔直径的百分比值。当取消取此选项时，光标的速度决定间距，如打开一张标志图片，接着用钢笔工具在标志内沿创建一条路径，然后进行描边，如图4-28所示为增加间距画笔急速改变的效果。

注意：当使用预设画笔时，按"["或"]"可减小或增加画笔的宽度。对于实边圆、柔边圆和书法画笔，按"Shift+["或"Shift+]"可减小或增加画笔硬度。

图4-27 具有不同硬度值的画笔描边　　　　图4-28 增加间距画笔急速改变的效果

4.5 创建文字图层

在 Photoshop 中创建文字是通过工具箱中的文字工具来实现的，Photoshop 为用户提供了强大的文字编辑功能，让用户学会设计风格各异的各种文字效果。Photoshop 赋予了文字精美的艺术效果，甚至在图像编辑中起到画龙点睛的作用。

4.5.1 创建文字图层

（1）创建实体文本

在选取工具箱中的文字工具（图4-29）"T"或"↓T"后，就可以在图像中的任何位置输入横排文字或竖排文字了。Photoshop 提供了两组文字工具（横排和竖排）和文字蒙版工具（横排和竖排）。使用文字工具可以输入实体文字，而使用文字蒙版工具则可以创建文字选区。

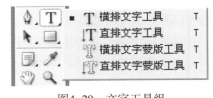

图4-29 文字工具组

使用文字工具在图像中单击即可进入文字编辑模式，此时 Photoshop 弹出文字工具属性栏，如图4-30所示。

图4-30 文字工具属性栏

可以根据所需的文字类型、大小及其他选项设置输入并编辑字符；但是，必须提交对文字图层的更改后才能执行某些操作。当需要确定文本的输入退出编辑状态时，有以下四种方法可以选用：

方法一：单击属性栏中的"提交"按钮（✔）可以确定文本的输入。

方法二：选择工具箱中的任意工具，在"图层""通道""路径""动作""历史记录"或"样式"调板的空白处单击，或者选择任何可用的菜单命令。

方法三：按数字键盘上的 Enter 键。

方法四：按主键盘上的 Ctrl+ Enter 键。

在创建文字后，"图层"调板中会自动增加一个新的文字图层，并且文字图层的名称为所输入的文字内容，如图4-31所示。

（a）输入文字"运动鞋造型设计"　　（b）图层调板的显示状态

图4-31　创建文字图层

注意：在 Photoshop 中，因为"多通道""位图"或"索引颜色"模式不支持图层，所以不会为这些模式中的图像创建文字图层。在这些图像模式中，文字显示在背景上。

（2）创建文字选区

在使用横排文字蒙版工具（Ｔ）或竖排文字蒙版工具（Ｔ）时，即可创建一个文字形状的选区。文字选区出现在当前图层中，并可像任何其他选区一样被移动、复制、填充或描边。

文字蒙版工具经常用来创建文字剪贴蒙版效果，其操作步骤如下：

①选择文字蒙版工具，在图像中创建文字选区，如图4-32（a）所示。

②打开一幅图像，如图4-32（b）所示，将图像全选（或选取所需部分）并复制。

③回到文字选区图像文件，选择"编辑"→"粘贴入"命令，即可得到如图4-32（c）所示的文字效果。

（a）输入蒙版文字　　　　　　　　（b）打开原图像文件　　　　　　　（c）文字剪贴蒙版效果

图4-32　创建文字选区

（3）使用技巧

①如果要修改文字图层的文字属性，重新进入可编辑状态时，可双击文字图层的 T 型图标，将该图层上的所有文字选中。

②如果要改变文字图层的名称，可双击该图层缩览图上的图层名称进行修改。

③如果要给文字图层添加图层样式，可双击图层缩览图的蓝色块弹出图层样式对话框。

4.5.2 改变文字颜色

在缺省情况下，输入文字的颜色取自当前的前景色，在输入文字之前或之后可以在文字工具属性栏中更改文字的颜色，如图4-30所示。在编辑现有文字图层时，可以更改图层中个别字符或全部文字的颜色。

改变文字颜色有以下四种方法：

方法一：先选中将要更改的文本，单击属性样或字符调板中的颜色块，在拾色器中选择颜色。

方法二：先选中将要更改的文本，在工具箱中单击前景色颜色块，在拾色器中选择颜色。

方法三：使用填充快捷键。若要用前景色填充，使用组合键 Alt+Backspace；或要用背景色填充，使用组合键 Ctrl+Backspace。

方法四：将图层样式应用于文字图层，在现有颜色之上应用颜色、图案或渐变。应用图层样式将影响文字图层中的所有字符，该方法不能用于更改个别字符的颜色。

4.5.3 点文字和段落文字

在文字属性样中选取创建文字图层按钮后，就可以在图像文件中创建两种形式的文字：点文字和段落文字。

（1）点文字

使用文字工具直接在图像文件中单击，就可以直接进入文字的输入状态，输入的文字随即出现在新的文字图层中，如图4-31所示。

输入点文字时，每行文字都是独立的，行的长度随着文本的编辑增加或缩短，但不会自动换行。若要换行则必须按回车键。

（2）段落文字

①创建段落文字的方法：选择文字工具后不是在图像文件中直接输入，而是在图像中单击并拖动光标，在拖动的过程中可以看到图像中出现了一个虚线框，松开鼠标即可得到"段落控制框"。然后在段落控制框中输入文本内容即可。输入段落文字时，文字基于定界框的尺寸换行。可以输入多个段落并选择段落对齐选项，这是段落文字与点文字的区别所在。

②变换段落文字：与普通图层的定界框一样，段落文字的定界框也可以进行调整：如缩放、旋转和斜切等。

a. 如果要重新调整边界方框的尺寸，请将指标放在控点上方，指标会变成双箭头（ ），此时可以开始拖移。按住 Shift 键并拖移，可以维持边界方框的长宽比例。

b. 如果要旋转边界方框，请将指标放在边界方框的外面，指标会变成弯曲的双向箭头（ ），此时可以开始拖移。拖移时按住 Shift 键可强制以15°的增量旋转。如果要更改旋转的中心，按住 Ctrl 键（Windows）或 Command 键（Mac OS）并将中心点拖移到新的位置。中心点可以在边界方框的外面。

c. 如果要倾斜边界方框，请按住 Ctrl+Shift 键（Windows）或 Command+Shift 键（Mac OS）再拖移侧边控点。指标会变成包含小型双向箭号的箭头（ ），如图4-33所示。

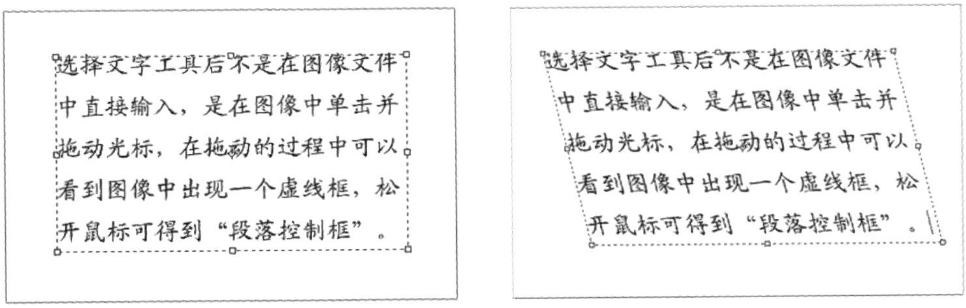

图4-33　使用定界框斜切文字

提示：①旋转段落文字时，若要改变旋转中心，按住 Ctrl 键的同时将中心点拖移到新位置，中心点可以在定界框外。②要在调整定界框大小时缩放文字，应在拖移边角手柄的同时按住 Ctrl 键。

4.5.4 使用字符调板设置字符属性

Photoshop 使用户可以精确地控制文字图层中的单个字符，包括字体、大小、颜色、行距、字距微调、字距调整、基线偏移及对齐。可以在输入字符之前设置文字属性，也可以在输入字符之后重新设置这些属性，以更改文字图层中所选字符的外观。

要设置文字图层的字符属性，可以在属性栏设置其选项，也可以在"字符"调板中选择其选项。单击文字工具属性栏上的显示字符调板按钮（▤），即可弹出字符和段落调板，如图4-34所示。

注意：在更改字符属性前，应该先选择文字图层中的部分或全部字符。

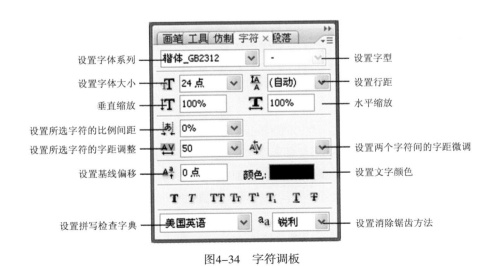

图4-34　字符调板

（1）设置字体和字型

单击右侧的三角按钮（▶），即可选择所需的字体或字型。还可以通过在文本框中键入想要的名称来选取字体系列和字型，键入一个字母后，会出现以该字母开头的第一个字体或字型的名称，继续键入其他字母直到出现正确的字体或字型名称。

（2）设置字体大小

单击右侧的三角按钮，即可选择所需的字体大小；还可以通过在文本框中键入想要的字体大小。

在 Photoshop 中，默认的文字度量单位是点。一个点相当于72ppi 图像中的172in。

（3）设置行距

文字行之间的间距量称为行距。对于罗马文字，行距是从一行文字的基线到下一行文字的基线的距离。基线是一条不可见的直线，大部分文字都位于这条线的上面。可以在同一段落中应用一个以上的行距量；但是，文字行中的最大行距值决定该行的行距值。

（4）垂直缩放和水平缩放

设置水平缩放比例和垂直缩放比例可以指定文字高度和宽度之间的比例。未缩放字符的值为100%。可以调整缩放比例，在宽度和高度上同时压缩或扩展所选字符，如图4-35所示。

（a）缩放前　　　　　　　　　（b）垂直缩放50%　　　　　　　　（c）水平缩放50%

图4-35　设置垂直缩放和水平缩放

（5）设置所选取字符的比例间距

比例间距按指定的百分比值减少字符周围的空间。字符本身并不因此被伸展或挤压。当向字符添加比例间距时，字符两侧的间距按相同的百分比值减少。百分比越大，字符间压缩越紧密。

（6）设置字距微调

设置字距调整是在所选字符之间生成相同间距的过程。

字距微调是增加或减少特定字符与相邻字符之间的间距的过程。可以手动控制字距微调，或者可以使用自动字距微调来打开字体设计者内置在字体中的字距微调功能。

正的字距调整值或字距微调值使字符间距拉开，负值使字符靠拢，如图4-36所示。

（7）设置基线偏移

设置基线偏移可以控制文字与文字基线的距离，可以通过升高或降低选中的文字来创建上标或下标。其中正值使横排文字上移，使竖排文字移向基线右侧；负值使横排文字下移，使竖排文字移向基线左侧。

（8）调板按钮系列

T：设为粗体字符。

图4-36　不同字距的图像效果

T：设为斜体字符。

TT：全部大写字母，可将选择的文本全部转换为大写字母。该功能对中文无效。

Tr：小型大写字母，可将选择的文本转换为小型大写；不会更改原来大写字母键入的字符。对中文无效。

T'：使字符成为上标，缩小字符移动到文字基线以上。

T₁：使字符成为下标，缩小字符移动到文字基线以下。

T̲：可在横排文字的下方或竖排文字的左侧或右侧应用下划线，线条颜色与文字相同。

T̶：可贯穿横排文字或竖排文字应用删除线，线条颜色与文字相同。

（9）拼写检查及查找和替换文本

拼写检查、查找和替换文本是自 Photoshop 7.0 以来的新增功能。具体操作为选择"编辑"→"拼写检查"及"查找和替换"命令，该操作增强了 Photoshop 的排版功能。

使用拼写检查命令前应执行下列操作之一：

①选择文字图层。

②要检查特写的文本，应选择该文本。

③要检查一个单词，应在该单词中放置一个插入点。

在"字符"调板中，从调板底部的弹出式菜单中选取一种语言。这将设置用于拼写检查的词典。

在检查文档的拼写时，Photoshop 对其词典中没有的任何字都会进行询问。如果被询问的字的拼写正确，则可以通过将该字添加到词典中来确认其拼写。如果被询问的字的拼写错误，则可以更正它，如图4-37所示。

使用"查找和替换"命令可以查找单个字符、一个单词或一组单词。找到要查找内容后，可以将其更改为其他内容，如图4-38所示。

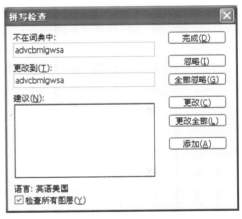

图4-37　拼写检查对话框

图4-38　查找和替换文本对话框

（10）设置消除锯齿方法

指定消除锯齿可以通过部分地填充边缘像素来产生边缘平滑的文字，使文字边缘混合到背景中。

消除锯齿方法有以下5种：

锐化：使文字边缘显得最为锐利。

明晰：使文字边缘显得稍微锐利。

平滑：使文字边缘显得更平滑。

强：使文字显得更粗重。

无：不应用消除锯齿。

单击字符调板右侧三角按钮（ 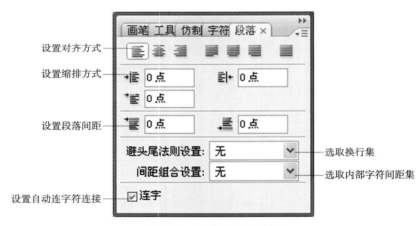 ）可以弹出其下拉菜单，其中大部分选项已嵌入调板中，因此不再详述。

4.5.5 使用段落调板设置段落属性

在 Photoshop CS3 中，可以使用"段落"调板为文字图层中的单个段落、多个段落或全部段落设置格式化选项。段落调板如图4-39所示。设置方式如下：

图4-39　段落调板对话框

（1）指定文本对齐

①横排文字：

：将文字左对齐，使段落右端参差不齐。

：将文字居中对齐，使段落两端参差不齐。

：将文字右对齐，使段落左端参差不齐。

②竖排文字：

：将文字顶对齐，使段落底部参差不齐。

：将文字居中对齐，使段落顶部和底部参差不齐。

：将文字底对齐，使段落顶部参差不齐。

（2）指定段落对齐

①横排文字：

▤：对齐除最后一行外的所有行，最后一行靠左对齐。

▤：对齐除最后一行外的所有行，最后一行居中对齐。

▤：对齐除最后一行外的所有行，最后一行靠右对齐。

▤：对齐包括最后一行的所有行，最后一行强制对齐。

②竖排文字：

⫼：对齐除最后一行外的所有行，最后一行靠顶对齐。

⫼：对齐除最后一行外的所有行，最后一行居中对齐。

⫼：对齐除最后一行外的所有行，最后一行靠底对齐。

⫼：对齐包括最后一行的所有行，最后一行强制对齐。

（3）设置缩排方式

•▤：从段落左端缩进。对于竖排文字，则从段落顶端缩进。

▤•：从段落右端缩进。对于竖排文字，则从段落底部缩进。

*▤：从段落中的首行文字。对于横排文字，首行缩进与左端缩进有关；对于竖排文字，首行缩进与顶端缩进有关。要创建首行悬挂缩进，应输入一负值。

（4）设置段落间距

"段落前添加空格"（ ▤ ）和"段落后添加空格"（ ▤ ）可以用于设置上下段落之间的距离。

（5）设置自动用连字符连接

连字符连接选项用于确定是否可以断字，如果可以，还确定允许使用的分隔符。

注意：连字符连接仅适用于罗马字符；用于中文、日语及朝鲜语等字体的双字节字符不受这些设置的影响。

单击段落调板右侧的三角按钮（ ▸ ）可以弹出其下拉菜单，如图4-40所示。

图4-40 段落调板下拉菜单

4.6 修改文字图层

创建文字图层后，可以编辑文字并对其应用图层命令；可以更改文字取向、应用消除锯齿、在点文字与段落文字之间转换、基于文字创建工作路径或将文字转换为形状；可以像处理正常图层那样移动、重新叠放、复制和更改文字图层的图层选项。还可以对文字图层进行以下更改并且仍能编辑文字：

①应用"编辑"菜单中的变换命令，"透视"和"扭曲"除外（要应用"透视"或"扭曲"命令，或要变换文字图层的一部分，必须栅格化文字图层，使文字无法编辑）。

②应用图层样式。

③使用填充快捷键更改文本颜色，使用 Alt+Backspace 键用前景色填充文本，使用 Ctrl+ Backspace 键用背景色填充文本。

④应用文字弯曲变形以适应各种形状。

4.6.1 文字弯曲变形

文字弯曲变形是文字图层的属性之一，可以在文本可编辑状态下将需要变形的文字选中，再单击属性栏上的"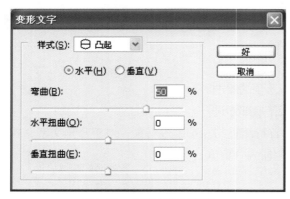"按钮栏，即可弹出如图4-41所示的对话框，进行设置得到如图4-42所示的弯曲变形效果。

图4-41　文字变形对话框

图4-42　凸起文字效果

如果要取消文字弯曲变形效果，只需在对话框中的样式下拉子菜单中选择"无"即可。

注意：不能变形包含"仿粗体"格式的文字图层，也不能变形使用不包含轮廓数据的字体（如位图字体）的文字图层。

4.6.2 文字图层转换

文字图层有许多转换功能，具体的操作是通过"图层"菜单的"文字"子菜单和"栅格化"子菜单进行的，如图4-43所示。

（1）文字转换为路径

工作路径是出现在"路径"调板中的临时路径。Photoshop 中可以通过执行"图层"→"文字"→"创建工作路径"命令将文字转换为与文字外形相同的工作路径。该工作路径可以像任何其他路径那样执行存储、填充和描边等编辑操作。

将文字转换为路径后，经常用于制作填充路径效果和连体文字效果，如图4-44所示、图4-45所示。

图4-43　文字转换子菜单

图4-44　填充路径效果　　　　　　图4-45　连体文字效果

（2）文字转换为形状

与文字转换为路径相似，执行"图层"→"文字"→"创建工作路径"命令将文字转换为与文字轮廓相同的形状，即将文字转换为具有矢量蒙版的形状图层，而原来的文字图层已经不存在。

（3）文字图层转换为普通图层

如图4-43所示，"图层"子菜单中的栅格化命令即可将文字图层转换为普通图层，Photoshop的文字是具有矢量特性的文字，有些命令和工具（如滤镜效果和画笔、橡皮、渐变等绘图工具）不适用于文字图层。栅格化使文字信息全部丢失，文字图层内的内容成为不可编辑的文本，应该在确定对文本内容的属性设置后再执行栅格化命令。

用户还可以单击鼠标右键弹出下拉菜单执行栅格化操作。

（4）点文字图层与段落文字图层的转换

Photoshop 可以将点文字转换为段落文字，然后在定界框中调整字符排列；也可以将段落文字转换为点文字，使各文本行彼此独立地排列。

将段落文字转换为点文字时，每个文字行的末尾（最后一行除外）都会自动添加一个回车符。

注意：将段落文字转换为点文字时，所有溢出定界框的字符都被删除，要避免丢失文本，请调整定界框，使全部文字在转换前都可见。

4.6.3　在路径上放置文字

在 Photoshop 中可以将文字沿着路径放置，它是 Photoshop 的新增功能之一，极大地完善了 Photoshop 在文字输入方面的不足。

可以使用钢笔、直线或形状等工具绘制路径，然后沿着该路径键入文本。路径没有与之关联的像素，可以将它想象为文字的模板或导线。例如，要使文本形成球形分布，可以使用椭圆工具围绕该球形绘制一条路径，然后在该路径上键入文本。操作方法如下所示。

①选择适当的工具：钢笔工具、直线工具、自由钢笔工具或某种形状工具。在工作区顶部的选项栏中，选择"路径"按钮，然后绘制希望文本遵循的路径，如图4-46所示。

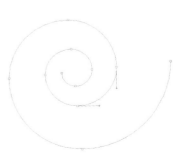

图4-46　路径造型

当使用钢笔或直线工具创建路径时，文字将沿着绘制路径的方向排列，当达到路径的末尾时，文字会自动换行。如果从左至右绘制路径，则可以获得正常排列的文字。如果从右至左绘制路径，则会得到反向排列的文字。

②在"字符"调板中选择字体和文本的其他文字属性。在工具箱中选择所需的文字工具。横排文字将与路径垂直，垂直文字将与路径平行。指针将变为一个带有横线的I型光标。横线标记文字的基线，即字母所依托的假想线。

③调整指针的位置，将"I"型光标的基线置于路径上，然后单击鼠标左键，这时路径上会出现一个插入点。

④键入所需的文本，获得满意的文本后，按Ctrl+Enter组合键即可，如图4-47所示。

4.6.4 文字图层效果

文字和其他图层一样可以执行各种"图层样式"中定义的各种效果，也可以使用"样式"调板中的存储的各种格式。而且这些效果在文字进行像素化或矢量化之后，仍然保留，并不受影响。如图4-48所示的执行图层样式后的文字效果。

图4-47　将文字放置在路径上

图4-48　文字图层效果

4.7 应用举例

（1）本例说明

通过此案例，让学生掌握仿制图章工具、修补工具的应用，学会如何在路径上放置文字。

（2）上机操作

①执行"文件"→"打开"，打开一幅需要修改的运动鞋图像文件，如图4-49所示。

②单击工具箱中的"仿制图章工具"🗳，用仿制图章工具将运动鞋图像中帮面以外的水印去除，而帮面内的水印则用修补工具进行修改，这样可以较好地保留部件上的纹理，如图4-50所示。

图4-49　打开运动鞋图像文件

③用"仿制图章工具"将帮面外的水印去除后，用"修补工具"将帮面内的水印去除，如图4-51所示。

④水印去除完之后，在运动鞋图像文件的右上角用钢笔工具画一条路径，然后选择"文字工具"在路径上单击，待产生光标后输入文字即可，如图4-52所示。

⑤将文字输入后，通过文字调板再调整一下文字的间距、字体等选项即可完成，最终效果如图4-53所示。

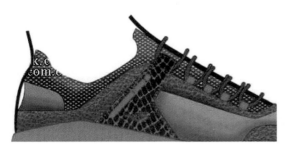

图4-50 用仿制图章工具修改后的图像

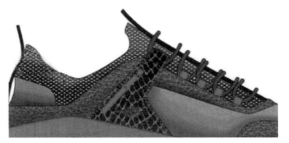

图4-51 用"修补工具"去除帮面内的水印

图4-52 用"文字工具"创建光标

图4-53 最终效果

第五章

图层介绍与鞋样滤镜效果

5.1 基本概念

Photoshop 中的图像通常由多个图层组成。图层可以被理解成是几张叠起来的透明塑料纸，如果塑料纸（图层）上没有内容，就可以一直看到底下的图层，如图5-1所示。在不同的图层中可以放置不同的内容，通过图层编辑（如改变图层的顺序和属性），可以处理某一图层的内容而不影响图像中其他图层的内容。

图5-1　图像的显示和图层的关系

在 Photoshop 中图层有5种类型：普通图层、背景图层、填充/调整图层、文字图层和形状图层。

①普通图层：普通图层的主要功能是存放和绘制图像，普通图层可以有不同的透明度（普通图层的透明特征在 Photoshop 中以灰的相间的方格表示，如图5-2所示）。

②背景图层：背景图层位于图像的最底层，可以存放和绘制图像，但它是完全不透明的，如图5-3所示。一个图像文件最多只有一个背景图层，并且不能更改背景的堆叠顺序、混合模式等特性。

③填充/调整图层：填充/调整图层主要用于存放图像的色彩调整信息，如图5-4所示，而不存放图片内容。

④文字图层：文字图层只能输入与编排文字内容，如图5-5所示。

图5-2　普通图层

图5-3　背景图层

图5-4　填充/调整图层

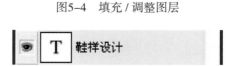

图5-5　文字图层

⑤形状图层：形状图层主要存放矢量形状信息，如图5-6所示。

图5-6　形状图层

5.1.1 图层调板

图层菜单可以完成图层的所有操作，而图层调板可以更方便、更直接地用于图层的管理和操作，大部分的图层操作都可以通过图层调板来完成。图层调板中各图标的功能和作用如图5-7所示。

5.1.2 图层属性

在"图层属性"对话框中，可以设置图层名称，并给图层缩览图添加一种颜色以便于识别，在鞋样效果图的制作中一般需要较多的图层，这使我们不易辨认图层，而图层属性就可为我们解决这一问题，如图5-8所示。

打开图层属性对话框的方法如下：

方法一：单击图层调板菜单，选择"图层属性"命令可以打开图层属性对话框。

方法二：右键点击图层缩览图，在弹出的菜单中选择"图层属性"命令。

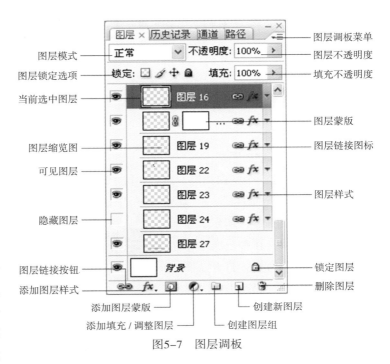

图5-7　图层调板

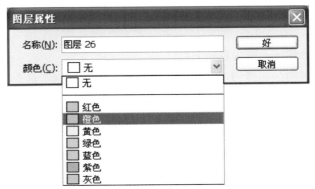

图5-8　"图层属性"对话框

5.1.3 图层的转换

普通图层和背景图层虽然有各自不同的特点，但他们之间可以相互转换，方法如下：

（1）背景图层转换为普通图层

方法一：执行"图层"→"新建"→"背景图层"命令，在弹出如图5-9所示的"新图层"对话框中可以给新图层设置名称、颜色、图层模式和不透明度等选项。

方法二：双击背景图层缩览图，调出"图层属性"对话框。

（2）普通图层转换为背景图层。

只有在图像中没有背景图层时，才可以转换，执行"图层"→"新建"→"图层背景"命令。

图5-9　"新图层"对话框

5.2　图层的基本操作

5.2.1　创建新图层

（1）新建一个空白图层

我们可以新建一个空白图层，然后在这个图层中编辑图像内容。有以下三种方法：

方法一：执行"图层"→"新建"→"图层"命令，如图5-10所示。

方法二：如图5-11所示，单击图层调板菜单，在弹出菜单中选择"新图层"命令，打开"图层属性"对话框，确定即可。

图5-10　新建图层命令

方法三：单击图层调板下方的"创建新图层"按钮，可以不用打开"新图层"对话框，直接新建一个空白的普通图层，如图5-12所示。

图5-11　使用图层调板菜单新建图层

（2）新建一个有内容的图层

选取需要的图像内容，先执行"编辑"→"复制"命令，然后执行"编辑"→"粘贴"命令，会在图层调板中自动建立一个新图层。

5.2.2　复制图层

图层复制可以在一个图像文件内进行，也可以在不同的图像文件之间进行。

（1）在同一幅图像中复制图层内容

有以下四种方法：

方法一：在图层调板中，单击所需复制的图层，拖动该图层到图层调板下方的"创建新图层"按钮。

图5-12　使用调板按钮新建图层

方法二：先执行"编辑"→"复制"命令，再执行"编辑"→"粘贴"命令。

方法三：在图像窗口中选中"移动"工具，按下 Alt 键，当鼠标变成双箭头时，就可以拖动图层进行复制了。

方法四：在图层调板菜单中，单击所需复制的图层，执行"复制图层"命令，在复制图层对话框中的"目的"下拉列表框中选择当前文件，如图5-13所示。

（2）在不同文件之间复制图层

有以下两种方法：

方法一：单击所需复制的图层，在图层调板菜单中，执行"复制图层"命令，在复制图层对话框中的"目的"下拉列表框中选择目的文件，如图5-14所示。

方法二：使用移动工具，选中所需复制图层，单击并拖动图层，当鼠标变成箭头时，直接拖动图层到目的图像文件中。

图5-13 "复制图层"对话框1

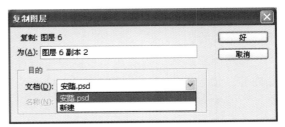

图5-14 "复制图层"对话框2

5.2.3 删除图层

删除图层的方法有两种：

方法一：在图层调板中选中所需删除图层，拖动到调板下方的垃圾箱按钮上，松开鼠标，如图5-15所示。

方法二：单击所需删除的图层，在图层调板菜单中，执行"删除图层"命令。

5.2.4 调整图层顺序

在 Photoshop 图像中，上面的图层会遮盖下面的图层。可以通过图层调板来调整图层顺序。其方法有两种：

图5-15 删除图层

方法一：选中所需移动的图层，用鼠标直接拖动到目标位置，如图5-16所示。

方法二：执行"图层"→"排列"菜单下的相应命令，如图5-17所示。

5.2.5 锁定图层

有时在编辑图像的过程中不小心会破坏图层内容。Photoshop 提供了图层锁定功能，可以让用户通过全部或部分地锁定图层来避免这种情况。

图层锁定后，图层的名称右边会出现一个锁形图标，如图5-18所示。当图层完全锁定时，

图5-16 通过图层调板调整图层顺序

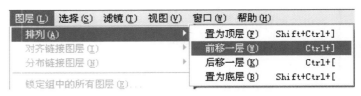

图5-17 通过菜单调整图层顺序

锁形图标是实心的；当图层部分锁定时，锁形图标是空心的。

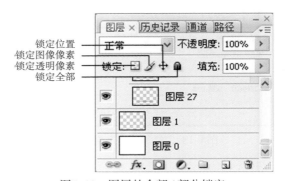

图5-18 图层的全部／部分锁定

利用图层调板的锁定按钮可以锁定四种图层内容：锁定透明区域、锁定图像、锁定位置及锁定全部。如果是文字图层，锁定透明区域和锁定图像按钮在默认情况下会是选中状态，而且不能取消选中。

锁定透明区域：按下锁定透明像素按钮，即锁定图层中的透明部分，保护图层中的透明部分不被填充或编辑。

锁定图像：按下图像锁定，防止使用绘画工具编辑修改图层的像素（包括透明区域和图像区域）。

锁定位置：按下位置锁定按钮，防止图层的像素被移动或变形。

锁定全部：按下全部锁定按钮，图层内容的所有编辑修改都被禁止，不允许进行任何操作。

5.2.6 链接图层

通过图层链接可以在图像编辑的过程中将几个图层一起移动或变形。对于链接的图层，还可以进行复制、粘贴、对齐、合并和创建剪贴组等操作。

①链接图层：选取需要链接的图层之一，然后按住"Ctrl"或"Shift"，在配合鼠标选择其他需要链接的图层（按"Ctrl"一次只能选择一个图层，按"Shift"一次可以选择多个图层），最后在图层调板的左下方点击链接按钮即可，如图5-19所示。

②取消链接图层：选择不要链接的图层，然后在图层调

图5-19 链接图层

板的左下方点击链接按钮即可。

5.2.7 图层合并

某些图层的内容被编辑完成后，可以合并图层以减少存储器的存储空间并创建复合图像的局部样本。在合并后的图层中，所有透明区域的相交部分都会保持透明。

在 Photoshop 中有三种合并图层方式：向下合并/合并链接图层、合并可见图层和拼合图层。

①向下合并/合并链接图层：把工作图层和其下方的一个图层合并，如图5-20所示。

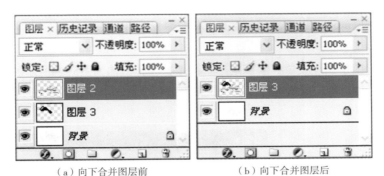

（a）向下合并图层前　　　　　　　（b）向下合并图层后

图5-20　向下合并图层

合并方法：将要合并的图层或图层组在图层调板中放置在一起，确保两个图层都是可视的，执行图层调板菜单中的"向下合并"命令。

在有链接图层存在时，该命令为"合并链接图层"，即把所有已链接的图层合并，如图5-21所示。

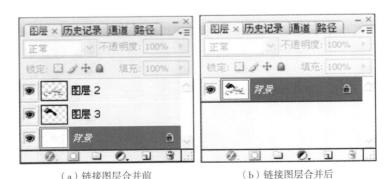

（a）链接图层合并前　　　　　　　（b）链接图层合并后

图5-21　合并链接图层

②合并可见图层：合并图像中所有可见图层，执行图层调板菜单下的"合并可见图层"。

③拼合图层：合并图像中所有的图层，如果有不可见图层存在，会弹出对话框，询问是否丢弃隐藏图层，如图5-22所示。

图5-22　"拼合图层"的弹出对话框

5.2.8 图层组

Photoshop 提供了图层组的概念，可以让我们更有效地组织和管理图层，使图层调板显得更有条理。图层组相当于 Windows 操作系统中文件夹的概念。使用图层组可以很容易地将图层组像普通图层一样被选择、复制、移动，并且也可以对图层组应用属性和蒙版。

图层组被建立后，可以将普通图层拖拽进图层组，也可以将图层组中的图层拖拽出组。

对图层组的操作主要有以下几种：

（1）新建空白图层组

有两种方法：

方法一：在图层调板底端单击"创建新组"按钮，即可在图层调板中增加一个空白图层组，如图5-23所示。

方法二：执行图层调板菜单"新图层组"命令，在弹出的如图5-24所示的"新图层组"对话框中，设置图层组名称、标识色、图层模式和不透明度。

图5-23　新建的空白图层组　　　　　　　　　图5-24　"新建图层组"对话框

（2）从链接图层新建图层组

首先链接所需图层，执行菜单"图层"→"新建"→"从图层建立组"命令；或执行图层调板菜单"新给自链接的"命令。新建图层给展开的图层如图5-25所示。

（3）删除图层组

选中要删除的图层组，单击图层调板的垃圾箱按钮，在弹出的对话框中进行选择即可，如图5-26所示。

（4）锁定图层组

和图层的锁定功能一样，图层组也可以单项或全部地被锁定。选中图层组，单击图层调板的"锁定组中的所有图层"命令，在弹出的对话框中进行设置即可，如图5-27所示，也可以直接单击锁定全部按钮。

图5-25　新建自链接图层组

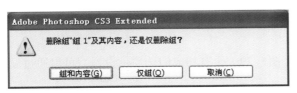

图5-26 "删除图层组"对话框 　　　　　图5-27 "锁定图层组"对话框

5.2.9 图层变形

（1）变形方式

在处理图像的过程中经常会需要对图像的内容变形，Photoshop 提供了包括缩放、旋转、斜切、扭曲、透视、翻转等的变形处理方式。

原始图像如图5-28（a）所示，执行"编辑"→"变换"菜单下的相应命令可以实现图层变形。当出现相应"变形图标"时，即可拖动鼠标对图层内容进行变形处理。如果对结果感到满意，按"Enter"键或单击工具选项栏中的"确认"按钮，可确定变形。如果要取消变形，按"Esc"键或单击工具选项栏中的"取消"按钮即可。

①缩放：变形图标为"↖"。相对于参考点扩大或缩小图层内容。可以水平、垂直或同时沿这两个方向缩放，如图5-28（b）所示。

②旋转：变形图标为"↰"。围绕参考点转动图层内容。默认情况下，该点位于对象的中心；但也可以将它移动到另一位置，如图5-28（c）所示。另外，还可对图形进行旋转180°：将图层内容旋转半圈；顺时针旋转90°：将图层内容顺时针旋转四分之一圈；逆时针旋转90°：将图层内容逆时针旋转四分之一圈。

③斜切：变形图标为"▸₊"。可垂直或水平倾斜图层内容，如图5-28（d）所示。

④扭曲：变形图标为"▸"。可向所有方向伸展图层内容，如图5-28（e）所示。

⑤透视：变形图标为"▸"。将单点透视应用到图层内容，如图5-28（f）所示。

（a）原始图像 　　　　　（b）缩放变形 　　　　　（c）旋转变形

（d）倾斜变形 　　　　　（e）扭曲变形 　　　　　（f）透视变形

图5-28 图层变形

⑥翻转：将图层内容沿垂直轴水平翻转或沿水平轴垂直翻转。

（2）变形工具

当使用任何一种变形命令时，工具选项样（图5-29）会有相应的选项供设置，可以通过设置具体数值来实现更为精确的变形。

| ⌖ ▾ | 𝌆 X: 1691.0 | △ Y: 333.0 | ⊞ W: 100.0% | 🔗 H: 100.0% | ⊿ 0.0 度 | ∕ H: 0.0 度 | V: 0.0 度 | ⊘ ✔ |

图5-29　变形工具选项栏

变形工具选项栏中各设置项的含义如下：

𝌆：参考点定位符，用于更改参考点。

△："相关定位"按钮，用于给相对而言当前位置指定新位置。

X：水平位置文本框，用于输入参考点新位置的值。

Y：垂直位置文本框，用于输入参考点新位置的值。

🔗：链接按钮，用于保持长宽比。

⊿：旋转文本框，用于输入旋转角度。

W：（⊞缩放）水平宽度文本框，用于输入水平缩放比例数值。

H：（⊞缩放）垂直宽度文本框，用于输入垂直缩放比例数值。

H：（∕斜切）水平斜切文本框，用于输入水平斜切角度。

V：（∕斜切）垂直斜切文本框，用于输入垂直斜切角度。

⊘：确认变形按钮。

✔：取消变形按钮。

5.3　图层模式

图层模式和绘图工具的绘图模式作用相同，主要用于决定其像素如何与图像中的下层像素进行混合。使用混合模式可以创建各种特殊效果，但图层没有"清除"混合模式，此外，Lab图像无法使用"颜色减淡""颜色加深""变暗""变亮""差值"和"排除"等模式。

图5-30　改变图层混合模式

Photoshop提供了22种混合模式，一个图层缺省的模式是正常模式，在图层调板上方可以改变图层的混合模式，如图5-30所示，各种混合模式的效果如图5-31所示。

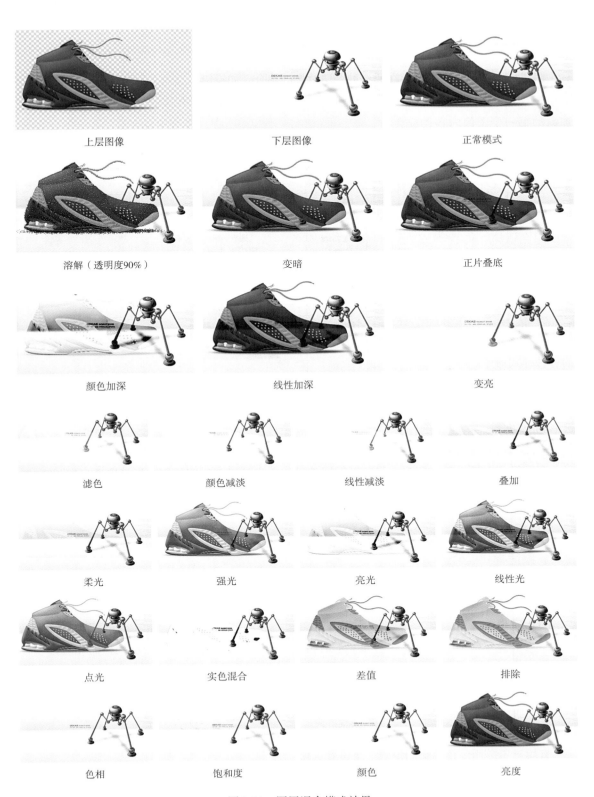

上层图像　　　　　　　　　下层图像　　　　　　　　　正常模式

溶解（透明度90%）　　　　变暗　　　　　　　　　正片叠底

颜色加深　　　　　　　　　线性加深　　　　　　　　　变亮

滤色　　　　　颜色减淡　　　　　线性减淡　　　　　叠加

柔光　　　　　强光　　　　　亮光　　　　　线性光

点光　　　　　实色混合　　　　　差值　　　　　排除

色相　　　　　饱和度　　　　　颜色　　　　　亮度

图5-31　图层混合模式效果

5.4 图层样式

图层样式是包含许多已存在的多种图层效果的集合，如投影、发光、斜面和浮雕、描边及图案填充效果。应用图层样式后，继续编辑图层内容，图层效果会作相应的更改，即在该图层中添加新的每一个图像内容，都会具有该图层的效果，不必重复设置每个图像实体的效果。除了背景图层外的未锁定图层都可以应用图层样式。

图层样式不要通过"图层样式对话框"（图5-32）来选择和控制，有三种方式可以显示图层样式调板：

方法一：执行"图层"→"图层样式"子菜单下的各种样式命令。

方法二：单击图层调板下方的样式按钮，从弹出菜单中选取相应命令。

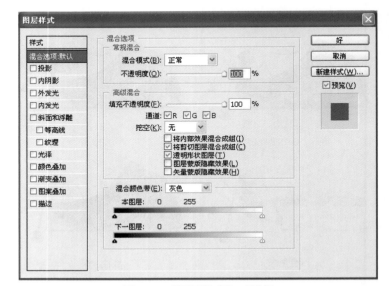

图5-32 "图层样式"对话框

方法三：双击图层调板中普通图层的图层缩览图。

图层样式对话框的左侧列出了各种图层效果，单击效果名称前的复选框可以选择所需样式。单击样式名使之选中，可以在右边相应的设置项中进一步编辑该效果。勾选右侧"预览"选项，可以在图像文件窗口预览效果。

5.4.1 图层样式混合选项

在图层样式对话框左栏单击"混合选项"使之选中，右侧的参数设置栏即是对"混合选项"的设置。混合选项提供了"常规混合"和"高级混合"两部分设置项目。

（1）常规混合

常规混合包括了"混合模式"和"不透明度"两项，这两个选项与图层调板的相应选项含义相同。在混合模式下拉菜单中可以选择图层的混合模式。拖动不透明度的三角按钮可以设置图层的不透明度（此处的透明度影响图层内所有的像素，包括执行图层样式后图层中被改变的像素部分）。

（2）高级混合

有填充不透明度、通道和挖空三个设置选项。

①填充不透明度：拖动三角按钮只改变图层原有像素的不透明度，而不影响执行图层样式后图层改变的内容部分，如图5-33所示。

（a）不透明度：100%　　　　　　（b）不透明度：38%　　　　　　（c）不透明度：100%
　填充不透明度：100%　　　　　　填充不透明度：100%　　　　　　填充不透明度：38%

图5-33　不透明与填充不透明度

②通道：用于选择不同的通道来执行各种混合设置。

③挖空：用于设定哪些图层是穿透的，以使其他图层中的内容显示出来。如图5-34所示，有三种挖空的设置："无"表示没有挖空效果［图5-34（a）］；"浅"表示向下挖空到图层组为止，即有图层组存在并且模式为"穿透"时，只挖空本图层组［图5-34（b）］。"深"表示向下挖空所有图层直到背景［图5-34（c）］，如果没有背景图层则挖空为透明［图5-34（d）］。

（a）无挖空效果　　　　（b）挖空为"浅"的效果　　　（c）挖空为"深"的效果　　　（d）挖空为透明的效果

图5-34　挖空效果

挖空方式有下列五个选项：

a．将内部效果混合成组：将图层的混合模式应用于修改不透明像素的图层效果，例如：内发光、光泽、颜色叠加和渐变叠加。

b．将剪贴图层混合成组：将基底图层的混合模式应用于剪贴图层中的所有图层，取消选择此选项可保持原有混合模式和组中每个图层的外观。

c．透明形状图层：选择此选项，图层效果和挖空限制在图层的不透明区域，取消选择此选项可在整个图层内应用这些效果。

d．图层蒙版隐藏效果：可将图层效果限制在图层蒙版所定义的区域。

e．矢量蒙版隐藏效果：可将图层效果限制在矢量蒙版所定义的区域。

示例图的图层调板（一）如图5-35所示。

（3）混合颜色带

用于控制图像中将显示图层中像素的色阶显示范围，以及

图5-35　示例图的图层调板（一）

下面的图层中被覆盖的范围，如图5-32所示。

其中"混合颜色带"的通道设置可以选择作用通道，如果是灰色则表示所有通道，RGB模式图像则有三个通道。

"混合颜色带"的渐变条表示图层阶调范围为0~255，拖动三角按钮即可进行阶调设置。黑色三角代表图层的暗部像素，白色三角代表亮部像素。按住Alt键并拖移滑块三角形的一半，可以设置指示部分混合范围。"本图层"渐变条可以调整本图层要显示或隐藏的像素，"下一图层"调整下图层的显示。例如，某图像文件有两个图层，如图5-36所示，原始图像如图5-37所示，"混合颜色带"的设置和相应效果如图5-38所示。

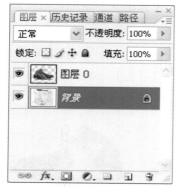

图5-36　示例图的图层调板（二）

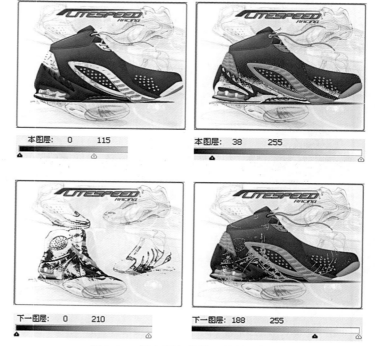

图5-37　原始图像

图5-38　混合颜色带设置效果示例图

5.4.2 投影效果

单击图层样式对话框中的"投影"项，选中投影效果，可以迅速给图层内容添加阴影，投影效果如图5-39所示。

在"图导样式"对话框右侧，投影效果的设置有以下各项：

①混合模式：设置阴影与下方图层的混合模式，单击右侧的

（a）原始图像

（b）执行投影后的效果

图5-39　投影效果

暗调颜色拾色器，可以设置阴影颜色。

②不透明度：设置阴影效果的不透明程度。

③角度：设置阴影的光照角度，勾选"使用全局光"选项可使所有的图层阴影效果的光线保持一致。

④距离：设置阴影效果与图层原内容偏移的距离。

⑤扩展：用于扩大阴影的边界。

⑥大小：用于设置阴影边缘模糊的程度。

⑦等高线：等高线的设置用于加强阴影的各种立体效果，在"等高线拾色器"中选择现有的几种等高线设置，也可以在"等高线编辑器"中自定义等高线。

⑧杂色：用于控制在生成的投影中加入颗粒子的数量，如图5-40所示。

⑨消除锯齿：使投影边缘更加平滑。

⑩图层挖空投影：用于控制半透明图层中投影的可视性，如图5-41和图5-42所示。

| 图5-40　投影中加入杂色效果 | 图5-41　投影不挖空效果 | 图5-42　投影挖空效果 |

5.4.3　内阴影效果

"内阴影效果"的大部分设置项与投影效果相同。不同的是"阻塞"设置，"阻塞"设置用于设置阴影与图像内缩的大小，内阴影的效果如图5-43所示。

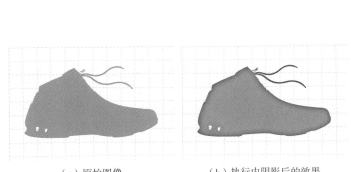 

（a）原始图像　　　　　（b）执行内阴影后的效果　　　　（c）内阴影设置对话框

图5-43　内阴影效果

5.4.4 外发光效果

"外发光效果"可以在图像边缘产生光晕效果，如图5-44所示。"外发光效果"设置对话框如图5-45所示。

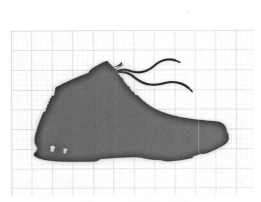

图5-44　外发光效果　　　　　图5-45　外发光效果设置对话框

（1）结构设置

单击结构设置的"◉□"色块可以设置光晕颜色，单击"○▭▭▭▭▾"色块可以打开"渐变编辑器"编辑设置光晕的渐变色，单击"▾"可以打开渐变拾色器，从中选取一种现有渐变。

（2）因素设置

方法：用于选择处理蒙版边缘的方法，可以选择"较柔软"和"精确"两种设置。

扩展：设置光晕向外扩展的范围。

大小：控制光晕的柔化效果。

（3）品质设置

等高线：控制外发光的轮廓样式。

范围：控制等高线的应用范围。

抖动：控制随机化发光光晕的渐变。

5.4.5 内发光效果

"内发光效果"与外发光效果相同的设置项在此不再赘述，内发光的效果如图5-46所示，内发光的效果部分设置对话框如图5-47所示。其中：

源："居中"表示从图层中心发光；"边缘"表示在图层的边缘发光。

阻塞：模糊之前收缩内发光的杂边边界。

5.4.6 斜面及浮雕效果

"斜面及浮雕效果"可以在图层上直接产生多种浮雕效果，使图层具有立体感，如图5-48所示。

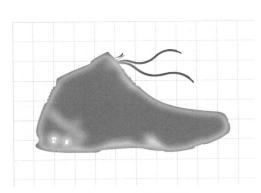

图5-46　内发光效果

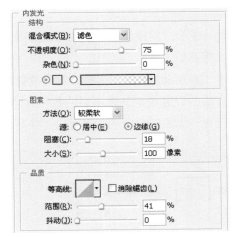

图5-47　内发光效果设置对话框

（a）原始图像

（b）内斜面

（c）外斜面

（d）浮雕

（e）枕状浮雕

（f）描边浮雕

图5-48　不同样式的浮雕效果

（1）结构设置

"斜面及浮雕效果"对话框如图5-49所示。

样式：有外斜面、内斜面、浮雕、枕状浮雕和描边浮雕五种效果。

方法：有三种方法，"平滑"使图层特效边缘柔和；"雕刻清晰"使图层特效边缘过渡变化明显，产生较强的立体效果；"雕刻柔和"与雕刻清晰类似，但边缘更柔和。

深度：设置斜面的深度。

方向：设置"上"或"下"选择立体效果的光源方向。

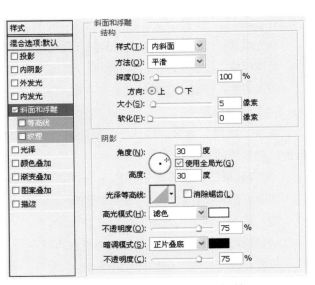

图5-49　"斜面及浮雕效果"对话框

大小：阴影面积压物的大小。

软化：复合之前模糊阴影效果以减少多余的人工痕迹。

（2）等高线设置

单击"斜面及浮雕"下方的"等高线设置"，打开等高线设置对话框，如图5-50所示。

等高线的设置用于加强阴影的各种立体效果，可以在"等高线拾色器"中选择现有的几种等高线设置，如图5-51所示，也可以"等高线编辑器"中自定义等高线，如图5-52所示。

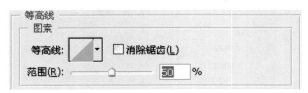

图5-50 "等高线"设置对话框

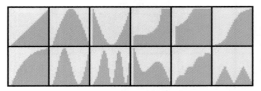

图5-51 等高线拾色器

消除锯齿：用于消除立体对比的锯齿，使之更光滑。

范围：界定灰度等高线图相对立体化的位置。

（3）阴影设置

角度：设置立体光源的角度。

高度：设置立体光源的高度，勾选"使用全局光"选项可使所有的图层阴影效果的光线保持一致。

光泽等高线：决定图层的光泽程度，用于加强光泽的各种效果。可以在"等高线拾色器"中选择现有的几种等高线设置，如图5-51所示，也可以在"等高线编辑器"中自定义等高线，如图5-52所示。

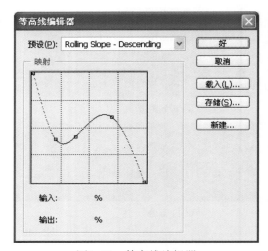

图5-52 等高线编辑器

高光模式：设置立体化后亮部的混合模式，单击右方的"颜色拾色器"按钮可设置亮部的颜色。

暗调模式：设置立体化后暗部的混合模式，单击右方的"颜色拾色器"按钮可设置暗部的颜色。

不透明度：设置立体效果的亮部与暗部的不透明度。

（4）纹理设置

单击"纹理"效果，打开"纹理效果"设置对话框，如图5-53所示，可以指定并控制用作斜面纹理效果的图案。

"纹理效果"各选项含义如下：

图案：指定用作斜面纹理效果的图案。

⊡：从当前图案创建新的预设。

贴紧原点：控制图案原点与文档原点的对齐。

深度：改变纹理应用的程度和方向。

缩放：控制缩放纹理的尺寸。

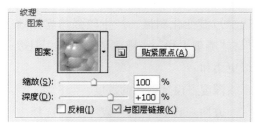

图5-53 "纹理效果"设置对话框

反相：使纹理效果反相。

与图层链接：重新定位图层时，纹理随图层一起移动。如果此项非选中，"贴紧原点"控制图案原点与文档原点的对齐；如果选中此项，则控制图案原点与图层左上角对齐。

5.4.7 光泽效果

"光泽效果"用于在当前图层上添加单一色彩，并在边缘部分产生柔和的"绸缎"光泽效果，如图5-54所示。

（a）原始图像　　　　　　　（b）添加光泽效果后　　　　　　（c）"光泽效果"对话框

图5-54　光泽效果

"光泽效果"对话框有以下设置选项：

混合模式：设置光泽颜色叠加模式，可在右方的颜色按钮中选择光泽颜色。

不透明度：设置光泽颜色叠加的不透明度。

角度：用于设置光泽角度。

距离：光泽效果的距离调整。

大小：设置效果边缘的虚化程度。

等高线：设置方法与前面的效果相同。

5.4.8 颜色叠加效果

"颜色叠加效果"可在当前图层上添加单一色彩，颜色叠加效果如图5-55所示。其各项设置选项与前述效果的相应设置相同，在此不加赘述。

（a）原始图像　　　　　（b）添加颜色叠加后的效果　　　　　（c）"颜色叠加效果"设置对话框

图5-55　颜色叠加效果

5.4.9 渐变叠加效果

"渐变叠加效果"用于在当前图层添加渐变色，渐变叠加效果如图5-56所示。其各项设置选项与前述效果的相应设置相同，在此不加赘述。

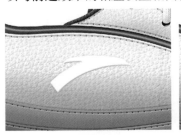 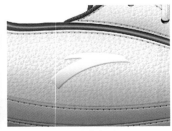 

（a）原始图像　　　　（b）添加渐变叠加后的效果　　　　（c）"渐变叠加效果"设置对话框

图5-56　渐变叠加效果

5.4.10 图案叠加效果

"图案叠加效果"用于在当前图层上叠加图案填充，图案叠加效果如图5-57所示。

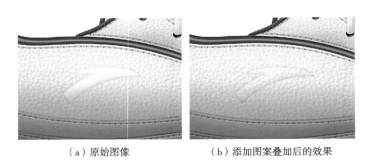

（a）原始图像　　　　（b）添加图案叠加后的效果

图5-57　图案叠加效果

"图案叠加效果"对话框如图5-58所示。其各选项含义如下：

图案：用于选择叠加的图案。

缩放：设置图案的缩放比例，调整图案的大小。

与图层链接：用于将图层与图案链接在一起，在图层变形时可以保持图案的同步变形。

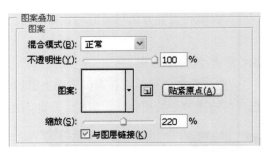

图5-58　"图案叠加效果"对话框

5.4.11 描边效果

"描边效果"用于在当前图层的边缘添加各种加边效果。"描边效果"对话框如图5-59所示，其各选项含义如下：

大小：设置描边的宽窄。

位置：有"外部""内部"和"居中"三个设置项，用于设置描边项。

图5-59　"描边效果"对话框

　　填充样式：用于设置描边的内容，可以选择颜色描边效果、渐变描边效果和图案描边效果，如图5-60所示。

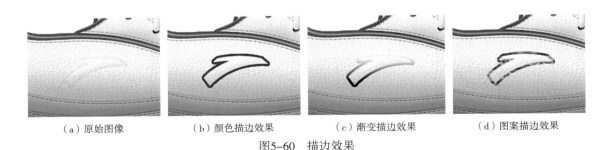

（a）原始图像　　　　　（b）颜色描边效果　　　　（c）渐变描边效果　　　　（d）图案描边效果

图5-60　描边效果

5.5　管理图层样式

　　Photoshop 提供了多种管理图层样式的方式，如对图层样式的复制、缩放等，以便更快捷、方便地应用图层样式。

5.5.1　复制图层样式

　　如果需要对某图层应用某个满意的样式，可以在图层之间对图层样式进行复制和粘贴。

　　（1）对某图层复制样式

　　方法一：首先选中源图层，执行"图层"→"图层样式"→"复制图层样式"命令，然后选中目标图层，执行"图层"→"图层样式"→"粘贴图层样式"命令。

　　方法二：选中源图层，单击右键，在弹出的菜单下选择"复制图层样式"，然后选中目标图层，单击右键，在弹出的菜单下选择"粘贴图层样式"。

　　（2）对多个图层复制样式

　　首先需将多个图层链接，然后执行"图层"→"图层样式"→"复制图层样式"命令，再选中目标图层之一，执行"图层"→"图层样式"→"将图层样式粘贴到链接的图层"命令。

5.5.2　缩放图层效果

　　如果在不同的文件之间进行图层样式的复制，可能会因为分辨率的不同使图层样式的效果变差。此时可以使用缩放效果来缩放图层样式中包含的效果，且不会缩放应用了图层样式的对象。

　　选中粘贴了图层样式的图层，执行"图层"→"图层样式"菜单下的"缩放效果"命令，在"缩放效果对话框"中拖动比例滑块，选择合适的效果，如图5-61所示。

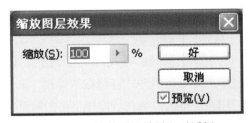

图5-61　"缩放图层效果"对话框

5.5.3 删除图层样式

（1）从样式中删除效果

对于不再使用的图层效果或样式，可以从图层样式中删除。

方法：展开图层样式，选择所需删除的效果，单击并拖拽到"垃圾箱"图标上。

（2）从图层中删除样式

方法一：选中图层调板所需删除的"效果"栏，单击并拖拽到"垃圾箱"图标上。

方法二：选中图层调板所需删除的"效果"栏，执行"图层"→"图层样式"菜单下的"清除图层样式"命令。

（3）隐藏/显示图层效果

对于暂时不需要的图层效果可以隐藏起来，需要时再显示出来。

方法一：执行"图层"→"图层样式"菜单下的"隐藏所有效果"或"显示所有效果"命令。

方法二：单击图层调板前面的"眼睛"图标可以隐藏个别效果，再次单击该图标可以显示个别效果。

5.5.4 将图层样式转换为图层

如果要使用绘画工具或应用命令和滤镜来增强效果，可以将图层样式转换为常规的图像图层，如图5-62所示。但是，不能再在原图层上编辑图层样式，并且在更改原图像图层时图层样式将不再更新。同时产生的图层可能不能生成与使用图层样式的版本完全匹配的图片，所以创建新图层时可能会看到警告信息。

（a）"图层样式"转换为图层前　　（b）"图层样式"转换为图层后

图5-62　"图层样式"转换为图层

在图层调板中，选择要转换的图层样式的图层，执行"图层"→"图层样式"菜单下的"创建图层"命令。

5.6 图层样式调板

制作出满意的样式后，为了方便其他图层使用相同的图层样式，可以将样式存储在"样式"调板中，如图5-63所示。应用图层样式只要在所需样上单击即可。

5.6.1 自定图层样式

除了样式调板中已有的样式外，也可以自己创建样式并

图5-63　图层样式调板

存储在样式调板中。

方法一：选中需保存的样式，双击"图层样式"图标，打开"图层样式"对话框，单击右上方的"新建样式"按钮，并在弹出的"新样式"对话框按需进行设置即可，如图5-64所示。

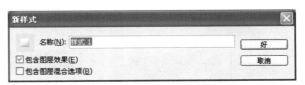

图5-64　新建样式调板

方法二：选中需保存的样式，在"样式"调板右下方的新建按钮（ ）上单击即可。

5.6.2　使用样式调板管理样式

可以在利用"样式"调板来创建、载入和存储图层样式库。

载入样式：单击"样式"调板右上方的调板菜单弹出按钮（ ），在弹出菜单下方如图5-65所示选择样式库。并在弹出的对话框进行选择即可，如图5-66所示。其中按钮"好"表示新样式替换当前所有样式；按钮"追加"表示在当前的样式的最后加入新样式。

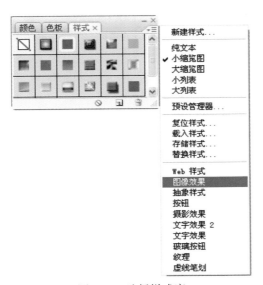

图5-65　选择样式库

图5-66　载入样式对话框

5.7　图层蒙版

图层蒙版相当于一个8位灰阶的 Alpha 通道，控制图层或图层组中的不同区域如何隐藏和显示，添加图层蒙版之后图像的效果如图5-67所示。在蒙版中，黑色区域表示全部被蒙住，此时像素不显示；白色区域表示图像中被显示的部分；蒙版灰色部分则表示图像半透明部分，如图5-68所示。

通过编辑更改蒙版，可以对图层应用各种特殊效果，而不会实际影响该图层上的像素。如果对蒙版的效果满意，可以应用蒙版并使这些永久生效，否则可以删除蒙版而不应用更改。

(a) 添加图层蒙版之前的图像

(b) 添加图层蒙版的图层调板

(c) 添加图层蒙版之后的图像

图5-67　添加图层蒙版

5.7.1 建立图层蒙版

建立图层蒙版有许多方法，现介绍常用的几种：

（1）添加"显示或隐藏整个图层"的蒙版

方法一：在图层调板中选择需添加蒙版的图层，执行"图层"→"添加图层蒙版"菜单下的"显示全部"或"隐藏全部"命令。

(a) 添加图层蒙版的图层效果

(b) 图层蒙版的图层调板

图5-68　图层蒙版的不同遮蔽区域

方法二：要添加"显示全部"蒙版，单击在图层调板下方的"添加图层蒙版"按钮（▣）；要添加"隐藏全部"蒙版，按住 Alt 键单击在图层调板下方的"添加图层蒙版"按钮。

（2）添加"显示或隐藏选区"的蒙版

在图层调板中，选择要添加蒙版的图层，选择区域，单击在图层调板下方的"添加图层蒙版"按钮。

创建了图层蒙版之后，图层缩览图左侧会有蒙版按钮（▣），表示正在编辑图层蒙版，右侧则会添加图层蒙版缩览图，如图5-68（b）所示。

5.7.2 编辑图层蒙版

单击蒙版缩览图，就可以在图层蒙版内使用各种绘画工具进行编辑。例如在蒙版中使用渐变工具，其效果与图层如图5-69所示。

(a) 添加图层渐变蒙版的图层效果　　　　(b) 图层渐变蒙版的图层调板

图5-69　在蒙版中使用渐变工具

5.7.3 停用、重启图层蒙版

①在添加了蒙版后，可以暂时停止蒙版的使用，如图
5-70所示。

方法一：执行"图层"→"停用图层蒙版"命令。

方法二：按住 Shift 键，同时单击蒙版缩览图。

②停用蒙版后还可以重新启用蒙版。

方法一：执行"图层"→"启用图层蒙版"命令。

方法二：按住 Shift 键，同时单击蒙版缩览图。

图5-70　停用图层蒙版

5.7.4 删除图层蒙版

如果希望图层蒙版被彻底去除，可以删除蒙版。

方法一：选择所需删除的蒙版缩览图，执行"图层"→"移去图层蒙版"命令，根据需要，
在子菜单中选择"应用"或"扔掉"选项。

方法二：选择所需删除的蒙版缩览图，单击并拖拽到图层调板下方的"垃圾箱"中。在弹
出的对话框中选择相应的按钮即可。

5.8　使用填充图层与调整图层

"填充与调整图层"用于调整下层图像的内容，但并不实际改变下层图层的像素，在填充与
调整图层内并不存放图像内容，只保存"填充与调整"的颜色信息。

填充与调整图层添加好以后，还可以对之再次进行编辑，只需在图层调板中的填充或调整
缩览图双击，弹出相应的对话框，就可以再次编辑了。

5.8.1 使用填充图层

添加填充图层前后的效果如图5-71（a）、图5-71（b）所示。创建填充图层，可以使用纯
色、渐变或图案三种方式。填充图层不是改变原图层的内容，而是在原图层上方新增加一个填
充图层，如图5-71（c）所示。

（a）原始图像　　　　　　　　（b）添加填充图层效果　　　　　　　（c）填充图层调板

图5-71　填充图层

方法：单击图层调板下方的"创建新的填充或调整图层"按钮，在弹出的命令中选择"纯色""渐变"或"图案"命令。

5.8.2 使用调整图层

原始图像如图5-72（a）所示，添加填充图层后的效果如图5-72（b）所示。调整图层可以对图像试用色调调整，而不会永久地修改图像中的像素，如图5-72（c）所示。颜色或色调更改位于调整图层内，该图层像一层透明膜一样，下层图像图层可以透过它显示出来，调整图层会影响它下面的所有图层。所以通过单个调整图层可以校正多个图层，而不是分别对每个图层进行调整。

方法：单击图层调板下方的"创建新的填充或调整图层"按钮，在弹出的命令中选择各种色彩调整命令。

（a）原始图像　　　　　　（b）添加调整图层的效果　　　　　　（c）调整图层调板

图5-72　调整图层效果

5.9　滤镜效果

在 Photoshop 中，滤镜的作用非常大，应用各种滤镜效果，不但能给设计的作品添加各种艺术效果，还能给我们带来奇特的视觉享受。Photoshop 中所有滤镜命令都包含在滤镜子菜单中，使用这些命令即可启动相应的滤镜功能。

Photoshop 的内置滤镜共包含14组近百种滤镜，它们分别为像素化滤镜、扭曲滤镜、杂色滤镜、模糊滤镜、渲染滤镜、画笔描边滤镜、素描滤镜、纹理滤镜、艺术效果滤镜、视频滤镜、锐化滤镜、风格化滤镜、其他滤镜和 Digimarc 滤镜等，如图5-73所示。

滤镜通过处理图像中的像素而得到一定的特殊效果，所以滤镜的处理效果与图像的分辨率有关，在同一幅图像中，如果分辨率不相同，则处理后的效果也就不同。

在鞋样设计中较少应用到滤镜效果，但在鞋底的绘制上有时会应用到纹理滤镜，因此在这里只着重讲解纹理滤镜。

图5-73　滤镜菜单

5.9.1 滤镜的使用方法

①如果使用的滤镜命令后没有"…"符号，则表示执行此滤镜命令后不会弹出对话框，不需要进行任何参数的设置，系统会自动将滤镜效果应用到当前图层中的图像上；而使用的滤镜命令后如果有"…"符号，则表示执行此滤镜命令后会弹出相应的对话框，要求用户输入一定的参数值，确定后才能将滤镜效果应用到图层中的图像上。

②在利用滤镜命令制作效果时，有的滤镜只要应用一次，就能够达到理想的效果；而有的滤镜命令则需要多次连续使用，才能达到想要的效果。此外，用同一个滤镜为图像添加特效时，会因为参数设置的不同，而使得到的图像最终效果也不相同。

③虽然 Photoshop 的各滤镜之间存在着一定的差异，但是它们的使用方法基本相同。滤镜可以应用于整个图像，也可以应用于图像中的图层或通道以及图像的选区中。如果在使用滤镜时没有确定滤镜的作用范围，滤镜命令就会对整个图像起作用。

5.9.2 使用滤镜的一些技巧

①使用滤镜效果后，可通过按"Ctrl+Z"键不断切换使用滤镜效果前后的图像进行比较，便于更清楚地看到滤镜的效果。通过按"Ctrl+Alt+Z"键可将滤镜效果返回到初始的制作效果。

②如果想对图像反复执行此滤镜，可按"Ctrl+F"键，此时没有对话框出现，不能改变参数，就在第一次设置好参数的基础上反复执行此滤镜效果。

③如果想要打开上次使用的滤镜效果对话框进行参数设置，可按"Ctrl+Alt+F"键。

④在对某一图像的局部选择区域使用滤镜时，应先对该选择区域应用"羽化"命令，然后再应用滤镜命令，这样才能使选择区域内的图像在经过滤镜应用后更好地融合到图像中。

⑤打开一幅图像，如果滤镜菜单中的某些命令变为灰色，则表示在该图像模式下该滤镜命令不可用。

5.10 "纹理"滤镜

利用纹理滤镜组中的滤镜可为图像添加各种不同效果的纹理，使图像具有较强的深度感和材质感，如图5-74所示为纹理滤镜组。

图5-74　纹理滤镜组

5.10.1 拼缀图

拼缀图滤镜可以将图像分成多个颜色平均的小方块，使图像产生一种墙壁贴砖的效果。选择"滤镜"→"纹理"→"拼缀图"命令，弹出"拼缀图"对话框，如图5-75所示。

"拼缀图"对话框中的各项参数介绍如下：

"方形大小"：利用该选项可设置所拆分的小方块的尺寸大小。

"凸现"：利用该选项可设置图像中小方块的凸现程度。

利用"拼缀图"滤镜命令所产生的效果如图5-76所示。

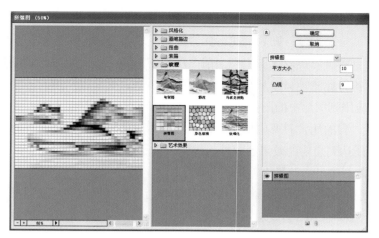

（a）原图

（b）拼缀图效果

图5-75　"拼缀图"对话框　　　　图5-76　使用拼缀图滤镜效果

5.10.2 纹理化

纹理化滤镜可将自己创建的或预设的纹理添加到图像上。选择"滤镜"→"纹理"→"纹理化"命令，弹出"纹理化"对话框，如图5-77所示。

"纹理化"对话框中的各项参数介绍如下：

"纹理"：利用该选项可设置添加的纹理类型，在此项内有"砖形""粗麻布""帆布""砂岩"等选项可供选择。

"缩放"：利用该选项可设置添加的纹理显示比例。

"凸现"：利用该选项可设置添加的纹理在图像中的凸显程度。

"光照"：利用该选项可设置添加的纹理在图像中的光照角度。

"反向"：利用该选项可设置添加的纹理在图像中得到相反的光照角度。

利用"纹理化"滤镜命令所产生的效果如图5-78所示。

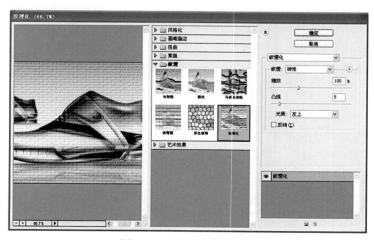

（a）原图

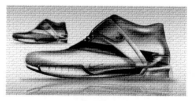

（b）纹理化效果

图5-77　"纹理化"对话框　　　　图5-78　使用纹理化滤镜效果

5.10.3 龟裂缝

龟裂缝滤镜可使图像产生凹凸不平的干裂浮雕效果。选择"滤镜"→"纹理"→"龟裂缝"命令，弹出"龟裂缝"对话框，如图5-79所示。

"龟裂缝"对话框中的各项参数介绍如下：

"裂缝间距"：利用该选项可设置裂缝之间的间距大小。

"裂缝深度"：利用该选项可设置裂缝的深度大小。

"裂缝亮度"：利用该选项可设置裂缝的明暗程度。

利用"龟裂缝"滤镜命令所产生的效果如图5-80所示。

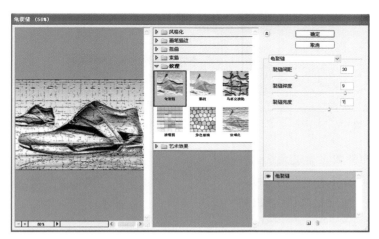

图5-79 "龟裂缝"对话框

（a）原图

（b）龟裂缝效果

图5-80 使用龟裂缝滤镜效果

5.11 应用举例

（1）本例说明

通过鞋带案例，让学生掌握图层样式和纹理滤镜的应用，学会运用图层样式制作各种特殊效果。

（2）上机操作

①执行"文件"→"新建"（Ctrl+N），新建一个 A4大小、分辨率为300像素 /in 的文件，并在文件内绘制一条绳子的路径，如图5-81所示。

②将路径转化为选区，在图层调板上新建一个图层，然后填充上自己想要的颜色，如图5-82所示。

③按 Ctrl+D 取消选区，然后双击该图层弹出"图层样

图5-81 新建文件并绘制路径

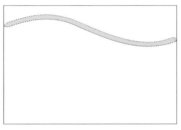

图5-82 填充颜色

式"对话框，勾选斜面与浮雕、纹理、内阴影、投影等选项，主要参数如图5-83、图5-84所示。

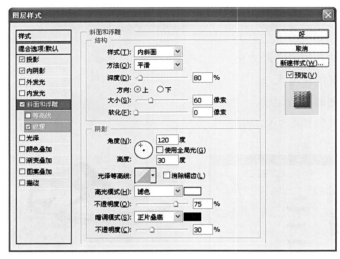
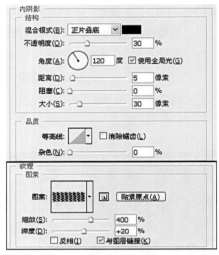

图5-83　斜面与浮雕　　　　　　　　　　　　图5-84　纹理与内阴影

④将"图层样式"中各选项的参数设置完后，按"好"按钮即可，如图5-85所示为执行"图层样式"后的效果。

⑤执行"滤镜"→"纹理"→"纹理化"，在弹出的"纹理化"对话框中设置参数如图5-86所示。

⑥执行纹理化后，在文件内复制数个该图层，并更改其颜色［在拾色器中设置好自己所要的颜色，然后按Alt+Shift+Delete（更换为前景色）、Ctrl+Shift+Delete（更换为背景色）］，得到最终效果，如图5-87所示。

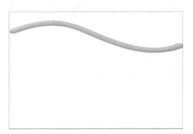

图5-85　执行"图层样式"后的效果

图5-86　"纹理化"参数设置

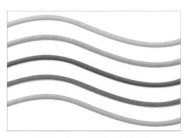

图5-87　最终效果图

第六章

色彩基础与鞋样配色法则

这一章主要介绍色彩基础知识、常用颜色的分类以及运动鞋配色法则，通过本章的学习能够掌握色彩基础知识和常用颜色分类以及运动鞋配色知识。

6.1 色彩基础知识

自然界中的颜色可以分为无彩色和彩色两大类。无彩色指黑色、白色和各种深浅不一的灰色，而其他所有颜色均属于彩色。

6.1.1 色彩三属性

（1）色相

色相也叫色泽，是颜色的基本特征，反映颜色的基本面貌。

有彩色就是包含了彩调，即红、黄、蓝等几个色族，这些色族便叫色相。

最初的基本色相为红、橙、黄、绿、蓝、紫。在各色中间加插一两个中间色，其头尾色相，按光谱顺序为红、橙红、黄橙、黄、黄绿、绿、绿蓝、蓝绿、蓝、蓝紫、紫、红紫。红和紫中再加个中间色，可制出十二基本色相。

（2）纯度

纯度也叫饱和度，指颜色的纯洁程度。

一种色相彩调，也有强弱之分。以正红为例，有鲜艳无杂质的纯红，有涩而像干残的"凋玫瑰"，也有较淡薄的粉红。它们的色相都相同，但强弱不一，一般称为（Sa + ura + lon）或色品。彩度常用高低来指述，彩度越高，色越纯，越艳；彩度越低，色越涩，越浊。纯色是彩度最高的一级。

（3）明度

明度也叫亮度，体现颜色的深浅。

谈到明度，宜从无彩色入手，因为无彩色只有一维，好辩得多。图6-1中最亮的是白色，最暗的是黑色，以及黑、白之间不同程度的灰，都具有明暗强度的表现。若按一定的间隔划分，就构成明暗尺度。有彩色即靠自身所具有的明度值，也靠加减灰、白调来调节明暗。

6.1.2 色相对比的基本类型

两种以上色彩组合后，由于色相差别而形成的色彩对比效果称为色相对比。它是色彩对比的一个根本方面，其对比强弱程度取决于色相之间在色相环上的距离（角度），距离（角度）越小对比越弱，反之则对比越强。

（1）零度对比

①无彩色对比：无彩色对比虽然无色相，但它们的组合在实用方面很有价值。如黑与白、黑与灰、中灰与浅灰，或黑与白与灰、黑与深灰与浅灰等。对比效果感觉大方、庄重、高雅而富有现代感，但也易产生过于素净的单调感，如图6-1所示。

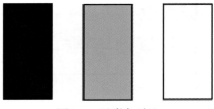

图6-1　无彩色对比

②无彩色与有彩色对比：如黑与红、灰与紫，或黑与白与黄、白与灰与蓝等。对比效果感觉既大方又活泼，无彩色面积大时，偏于高雅、庄重，有彩色面积大时活泼感加强。

③同类色相对比：一种色相的不同明度或不同纯度变化的对比，俗称同类色组合。如蓝与浅蓝（蓝 + 白）色对比，绿与粉绿（绿 + 白）或墨绿（绿 + 黑）色等对比。对比效果统一、文静、雅致、含蓄、稳重，但也易产生单调、呆板的弊病。

④无彩色与同类色相比：如白与深蓝或浅蓝、黑与橘色或咖啡色等对比，其效果综合了上述②和③类型的优点。感觉既有一定层次，又显大方、活泼、稳定。

（2）调和对比

①邻近色相对比：色相环上相邻的二至三色对比，色相距离大约30°，为弱对比类型。如红橙与橙或黄橙色对比等。效果感觉柔和、和谐、雅致、文静，但也感觉单调、模糊、乏味、无力，必须调节明度差来加强效果。

②类似色相对比：色相对比距离约60°，为较弱对比类型，如红与黄橙色对比等。效果较丰富、活泼，但又不失统一、雅致、和谐的感觉。

③中度色相对比：色相对比距离约90°，为中对比类型，如黄与绿色对比等，效果明快、活泼、饱满、使人兴奋，感觉有兴趣，对比既有相当力度，但又不失调和之感。

（3）强烈对比

①对比色相对比：色相对比距离约120°，为强对比类型，如黄绿与红紫色对比等。效果强烈、醒目、有力、活泼、丰富，但也不易统一而感杂乱、刺激、造成视觉疲劳。一般需要采用多种调和手段来改善对比效果。

②补色对比：色相对比距离180°，为极端对比类型，如红与蓝绿、黄与蓝紫色对比等。效果强烈、眩目、响亮、极有力，但若处理不当，易产生幼稚、原始、粗俗、不安定、不协调等不良感觉。

6.1.3　有关色彩的视觉心理基础知识

（1）色彩的冷、暖感

色彩本身并无冷暖的温度差别，是视觉色彩引起人们对冷暖感觉的心理联想。

暖色：人们见到红、红橙、橙、黄橙、红紫等色后，马上联想到太阳、火焰、热血等物象，产生温暖、热烈、危险等感觉。

冷色：见到蓝、蓝紫、蓝绿等色后，则很容易联想到太空、冰雪、海洋等物象，产生寒冷、理智、平静等感觉。

（2）色彩的轻、重感

这主要与色彩的明度有关。明度高的色彩使人联想到蓝天、白云、彩霞及许多花卉还有棉花，羊毛等。产生轻柔、飘浮、上升、敏捷、灵活等感觉。明度低的色彩易使人联想钢铁、大理石等物品，产生沉重、稳定、降落等感觉。

（3）色彩的软、硬感

其感觉主要也来自色彩的明度，但与纯度也有一定的关系。明度越高感觉越软，明度越低则感觉越硬，但白色反而软感略改。明度高、纯底低的色彩有软感，中纯度的色也呈柔感，因为它们易使人联想起骆驼、狐狸、猫、狗等好多动物的皮毛，还有毛呢，绒织物等。高纯度和低纯度的色彩都呈硬感，如它们明度又低则硬感更明显。色相与色彩的软、硬感几乎无关。

（4）色彩的轻重感觉

各种色彩给人的轻重感不同，我们从色彩得到的重量感，是质感与色感的复合感觉。例如两个体积、重量相等的皮箱分别涂以不同的颜色（图6-2），然后用手提、目测两种方法判断木箱的重量。结果发现，仅凭目测难以对重量做出准确的判断，可是利用目测木箱的颜色却能够得到：轻重感，浅色密度小，有一种向外扩散的运动现象，给人质量轻的感觉；深色密度大，给人一种内聚感，从而产生分量重的感觉。

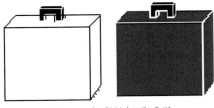

图6-2　色彩的轻重感觉

（5）色彩的大、小感

由于色彩有前后的感觉，因而暖色、高明度色等有扩大、膨胀感，冷色、低明度色等有显小、收缩感。

（6）色彩的华丽、质朴感

色彩的三要素对华丽及质朴感都有影响，其中纯度关系最大。明度高、纯度高的色彩，丰富、强对比的色彩感觉华丽、辉煌。明度低、纯度低的色彩，单纯、弱对比的色彩感觉质朴、古雅。但无论何种色彩，如果带上光泽，都能获得华丽的效果，如图6-3所示。

（a）高饱和度、高亮度　　　（b）低饱和度　　　（c）低饱和度、高亮度

图6-3　色彩的华丽、质朴感

（7）色彩的活泼、庄重感

暖色、高纯度色、丰富多彩色、强对比色感觉跳跃、活泼有朝气；冷色、低纯度色、低明度色感觉庄重、严肃。

（8）色彩的兴奋与沉静感

其影响最明显的是色相。红、橙、黄等鲜艳而明亮的色彩给人以兴奋感；蓝、蓝绿、蓝紫等色使人感到沉着、平静。绿和紫为中性色，没有这种感觉。纯度的关系也很大，高纯度色兴奋感，低纯度色沉静感。

（9）色彩的膨胀与收缩

比较两个颜色一黑一白而体积相等的正方形（图6-4）可以发现有趣的现象，即大小相等的正方形，由于各自的表面色彩相异，能够赋予人不同的面积感觉。白色正方形似乎较黑色正方形的面积大。这种因心理因素导致的物体表面面积大于实际面积的现象称"色彩的膨胀性"。反之称"色彩的收缩性"。给人一种膨胀或收缩感觉的色彩分别称'膨胀色''收缩色'。色彩的胀缩与色调密切相关，暖色属膨胀色，冷色属收缩色。

图6-4　色彩的膨胀与收缩

（10）色彩的前进性与后退性

如果等距离地看两种颜色，可给人不同的远近感。如：黄色与蓝色以黑色为背景时（图6-5），人们往往感觉黄色距离自己比蓝色近。换言之，黄色有前进性，蓝色有后退性。较底色突出的前进性的色彩称"进色"；较底色暗淡的后退色彩称"退色"。

图6-5　色彩的前进性与后退性

一般而言，暖色比冷色更富有前进的特性。两色之间，亮度偏高的色彩呈前进性，饱和度偏向的色彩也呈前进性。但是色彩的前进与后退不能一概而论，色彩的前进、后退与背景色密切相关。如在白背景前，属暖色的黄色给人后退感，属冷色的蓝色却给人向前扩展的感觉（图6-6）。

图6-6　色彩的前进性与后退性

6.1.4　色彩的表现手法

人的色感可用色彩三属性——色调、亮度、饱和度表示。不过三属性毫无差异的同一色彩会因所处位置、背景物不同而给人截然相反的印象。以蓝色编织物和蓝色木地板为例，如图6-7所示，假定它们的三属性相同，但在观赏者的眼中，编织物的色彩与木地板的色彩毫无共同之处。这种现象称为"色彩的表现形式"。

（a）编织物　　　（b）木地板

图6-7　色彩的表现形式

色彩的表现形式包括面色、表面色、空间色等。面色又称"管窥色"，像天空色彩平平展展，缺乏质感，给人柔软的感觉，如图6-8所示。

表面色指色纸等物体的表面色彩。表面色依距离远近给人不同的质感。如图6-9中是同一张纸，取了远近距离不同的位置。两张图看起来有点明暗程度不同的感觉，远距离的看起来颜色要深一些。

图6-8　色彩的表现形式

空间色又称"体色"，似充满透明玻璃瓶中的带色液体，是指弥漫空间的色彩。此外，还有表面光泽、光源色等。

（a）远距离　　　　（b）近距离

图6-9　物体的表面色彩

6.1.5 几种常见色彩表现的特征

（1）红色

红色的波长最长，穿透力强，感知度高。它易使人联想起太阳、火焰、热血、花卉等，感觉温暖、兴奋、活泼、热情、积极、希望、忠诚、健康、充实、饱满、幸福等向上的倾向，但有时也被认为是幼稚、原始、暴力、危险、卑俗的象征。红色历来是我国传统的喜庆色彩。深红及带紫味的红给人感觉是庄严、稳重而又热情的色彩、常见于欢迎贵宾的场合。含白的高明度粉红色，则有柔美、甜蜜、梦幻、愉快、幸福、温雅的感觉，几乎成为女性的专用色彩。

（2）橙色

橙与红同属暖色，具有红与黄之间的色性，它使人联想起火焰、灯光、霞光、水果等物象，是最温暖、响亮的色彩。感觉活泼、华丽、辉煌、跃动、炽热、温情、甜蜜、愉快、幸福，但也有疑惑、嫉妒、伪诈等消极倾向性表情。含灰的橙呈咖啡色，含白的橙呈浅橙色，俗称血牙色，与橙色本身都是服装中常用的甜美色彩也是众多消费者特别是妇女、儿童、青年喜爱的服装色彩。

（3）黄色

黄色是所有色相中明度最高的色彩，具有轻快、光辉、透明、活泼、光明、辉煌、希望、功名、健康等印象。但黄色过于明亮而显得刺眼，并且与其他色相混即易失去其原貌，故也有轻薄、不稳定、变化无常、冷淡等不良含义。含白的淡黄色感觉平和、温柔，含大量淡灰的米色或本白则是很好的休闲自然色，深黄色却另有一种高贵、庄严感。由于黄色极易使人想起许多水果的表皮，因此它能引起富有酸性的食欲感。黄色还被用作安全色，因为这极易被人发现，如室外作业的工作服。

（4）绿色

在大自然中，除了天空和江河、海洋，绿色所占的面积最大，草、叶植物，几乎到处可见，它象征生命、青春、和平、安详、新鲜等。绿色最适应人眼的注视，有消除疲劳、调节功能。黄绿带给人们春天的气息，颇受儿童及年轻人的欢迎。蓝绿、深绿是海洋、森林的色彩，有着深远、稳重、沉着、睿智等含义。含灰的绿、如土绿、橄榄绿、咸菜绿、墨绿等色彩，给人以成熟、老练、深沉的感觉，是人们广泛选用及军、警规定的服色。

（5）蓝色

与红、橙色相反，蓝色是典型的寒色，表示沉静、冷淡、理智、高深、透明等含义，随着人类对太空事业的不断开发，它又有了象征高科技的强烈现代感。浅蓝色系明朗而富有青春朝气，为年轻人所钟爱，但也有不够成熟的感觉。深蓝色系沉着、稳定，为中年人普遍喜爱的色彩。其中略带暖味的群青色，充满着动人的深邃魅力，藏青则给人以大度、庄重的印象。靛蓝、普蓝因在民间广泛应用，似乎成了民族特色的象征。当然，蓝色也有其另一面的性格，如刻板、冷漠、悲哀、恐惧等。

（6）紫色

紫色具有神秘、高贵、优美、庄重、奢华的气质，有时也感孤寂、消极。尤其是较暗或含深灰的紫，易给人以不祥、腐朽、死亡的印象。但含浅灰的红紫或蓝紫色，却有着类似太空、宇宙色彩的幽雅、神秘之时代感、为现代生活所广泛采用。

（7）黑色

黑色为无色相无纯度之色。往往给人感觉沉静、神秘、严肃、庄重、含蓄，另外，也易让人产生悲哀、恐怖、不祥、沉默、消亡、罪恶等消极印象。尽管如此，黑色的组合适应性却极广，无论什么色彩特别是鲜艳的纯色与其相配，都能取得赏心悦目的良好效果。但是不能大面积使用，否则，不但其魅力大大减弱，相反会产生压抑、阴沉的恐怖感。

（8）白色

白色给人印象洁净、光明、纯真、清白、朴素、卫生、恬静等。在它的衬托下，其他色彩会显得更鲜丽、更明朗。多用白色还可能产生平淡无味的单调、空虚之感。

（9）灰色

灰色是中性色，其突出的性格为柔和、细致、平稳、朴素、大方、它不像黑色与白色那样会明显影响其他的色彩。因此，作为背景色彩非常理想。任何色彩都可以和灰色相混合，略有色相感的含灰色能给人以高雅、细腻、含蓄、稳重、精致、文明而有素养的高档感觉。当然滥用灰色也易暴露其乏味、寂寞、忧郁、无激情、无兴趣的一面。

（10）土褐色

土褐色是含一定灰色的中低明度各种色彩，如土红、土绿、熟褐、生褐、土黄、咖啡、咸菜、古铜、驼绒、茶褐等色，性格都显得不太强烈，具有亲和性、易与其他色彩配合，特别是和鲜色相伴，效果更佳。也使人想起金秋的收获季节，故均有成熟、谦让、丰富、随和之感。

（11）光泽色

除了金、银等贵金属色以外，所有色彩带上光泽后，都有其华美的特色。金色富丽堂皇，象征荣华富贵，名誉忠诚；银色雅致高贵，象征纯洁、信仰，比金色温和。它们与其他色彩都能配合，几乎达到"万能"的程度。小面积点缀，具有醒目、提神的作用，大面积使用则会产生过于炫目的负面影响，显得浮华而失去稳重感。如若巧妙使用、装饰得当，不但能起到画龙点睛的作用，还可产生强烈的高科技现代美感。暖色系中高明度、高纯度的色彩呈兴奋感，低明度、低纯度的色彩呈沉静感。

6.2 基本配色

颜色绝不会单独存在。事实上，一个颜色的效果是由多种因素来决定的：反射的光，周边搭配的色彩，或是观看者的欣赏角度。

有10种基本的配色设计，分别叫作：无色设计（achromatic）、类比设计（analogous）、冲突设计（clash）、互补设计（complement）、单色设计（monochromatic）、中性设计（neutral）、分裂补色设计（splitcomplement）、原色设计（primary）、二次色设计（secondary）以及三次色三色设计（tertiary），见表6-1。

表6-1　基本的配色设计

 **105　101　98** **无色设计** 不用彩色，只用黑、白、灰色	 **92　88　73** **类比设计** 在色相环上任选三个连续的色彩或其任一明色和暗色
 **4　68** **冲突设计** 把一个颜色和它补色左边或右边的色彩配合起来	 **92　44** **互补设计** 使用色相环上全然相反的颜色
 **81　85　88** **单色设计** 把一个颜色和任一个或它所有的明、暗色配合起来	 **17　32　26** **中性设计** 加入一个颜色的补色或黑色使它色彩消失或中性化
 **20　57　73** **分裂补色设计** 把一个颜色和它补色任一边的颜色组合起来	 **4　36　68** **原色设计** 把纯原色红、黄、蓝色结合起来
 **53　86　20** **二次色设计** 把二次色绿、紫、橙色结合起来	 **57　28　95** **三次色三色设计** 是下面二个组合中的一个：红橙、黄绿、蓝紫色或是蓝绿，黄橙、红紫色

注：色标上的数值为颜色编号。以下同

6.3 运动鞋配色法则

想要获得运动鞋配色的各种效果，如强烈醒目、含蓄高雅、轻快活泼、古典庄重、天真烂漫、青春活力，需先了解以下几个运动鞋配色的构成法则。

6.3.1 呼应法则

色彩呼应法则在运动鞋的应用和表现某种色彩不是单纯存在的，而是在同一鞋的某处存在相同或类似的色彩相呼应（例如：运动鞋的装饰物——标志、饰片、边缘的一些色彩，还有一些滴塑的色彩，能够起到点缀的效果），如图6-10所示。

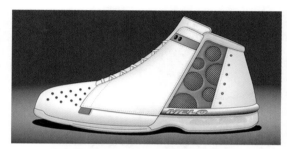

图6-10 呼应法则的应用

6.3.2 醒目法则

利用色彩某种性质上的差距，如色相、明度、纯度、大小、冷暖等，使运动鞋的色彩构成效果醒目、强烈、引人注意。这种法则在鞋类设计中的运用是最具有创意和时代感的特征（比如说对比色的运用，其中红与绿的相互对比，其效果非常醒目，但是要慎用，因为这两种色彩运用不当的话，会使鞋子显得俗气，还有黑与白、红与白等，都是非常醒目的经典搭配），如图6-11、图6-12所示。

图6-11 醒目法则的应用（一）

图6-12 醒目法则的应用（二）

6.4.3 统一法则

色彩统一法则是运动鞋的色彩构成中所呈现的统一性，具有两种表现形式：一种是运用单一色相（彩）特征，使运动鞋色彩设计具有某种魅力且符合流行时尚；另一种属类似色配色色相相近，色彩谐调统一。统一配色法则使产品色彩有一种整体的力量，如果不是常用的色彩，面积越大，视觉效果越强烈，如图6-13所示。

图6-13 统一法则的应用

6.3.4 强调法则

通过色彩的一种强调运用，表现运动鞋的某个重点部位或部件，展示设计特色和品牌，色彩的对比纯粹是追求一种鲜明的配色效果。强调法则有意识的去表现某一点（如运动鞋商标或品牌的专用部件等），同时离不开色彩对比的应用，包括色彩的色相、纯度和明度，如图6-14、图6-15所示。

图6-14　强调法则的运用（一）

图6-15　强调法则的运用（二）

6.3.5 节奏法则

对色彩进行节奏感的设计和运用，特别适宜于青少年穿的运动鞋、运动鞋的设计。色彩节奏感设计表现为色彩有规律的反复出现，通常以色相、纯度、明度、图案等来表现，运用得好，运动鞋色彩效果更加活泼、自由和动感，如图6-16、图6-17所示。

图6-16　节奏法则的应用（一）

图6-17　节奏法则的应用（二）

6.3.6 流行法则

运动鞋产品的色彩具有一定程度的流行性，符合流行的配色，容易被人们接受，运动鞋色彩流行法则考虑使用者的条件、地域、年龄、运动项目等不同程度上制约着运动鞋流行色彩的接受程度，如图6-18、图6-19所示。

图6-18　流行法则的应用（一）

图6-19　流行法则的应用（二）

6.3.7　创新法则

　　色彩构成运动鞋造型艺术的重要特征，色彩设计成功与新颖，在设计语言表达中是最具有魅力的。求新、求异是人的本能，要熟练地掌握和应用配色法则，在设计过程中既要掌握方法，又要追求创新。运动鞋配色的创新表现在突破传统的配色规律，感觉创造一种新的视觉效果，吸引消费者对产品的关注，进而激发其消费欲望，如图6-20、图6-21所示。

图6-20　创新法则的应用（一）

图6-21　创新法则的应用（二）

第七章
图像色彩与鞋样材质库的建立

7.1 图像色彩调整

在制作与处理图像中，图像色调的调整是必不可少的。一般设计完的效果图其色彩与色调都要经过后期的处理，Photoshop 提供了很多种图像色彩与色调调整的方法，通过调整可使图像更加生动美观。

7.1.1 图像色彩基础

（1）亮度

亮度是光作用于人眼所引起的明亮程度的感觉，它与被观察物体的发光强度有关。在图像处理中，亮度是指图像颜色的相对明暗程度，通常从0（黑色）至100%（白色）的百分比来度量。如图7-1所示，在"拾色器"中用 HSB 模型调整颜色时，其中亮度"B"的取值范围是0～100；在使用"亮度／对比度"命令调整图像时，"亮度"的调整范围也是0～100。

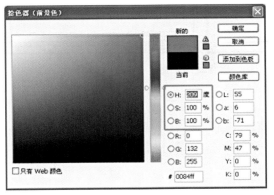
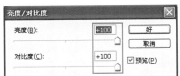

图7-1　亮度

（2）色调

色调（也称色相）是当人眼看一种或多种波长的光时所产生的彩色感觉，它反映颜色的种类，决定颜色的基本特性。通常色调由颜色名称标识，如红色、蓝色、橙色或绿色。图像通常分为多个色调（如灰色、蓝色），其中包含一个主色调。色调调整也就是指将图像颜色在各种颜色之间进行调整。

（3）饱和度

饱和度（也称彩度）是指颜色的纯度，即掺入白光的程度，对于同一色调的彩色光，饱和度越高颜色越鲜明。在图像处理中，饱和度表示纯色中灰色成分的相对比例，由0～100%的百分数来衡量，0为灰度，100%为完全饱和。调整饱和度就是调整颜色的彩度，将一幅彩色图像的饱和度降为0%，则图像变为灰色，如图7-2、图7-3所示。增加饱和度就是增加图像的彩度。

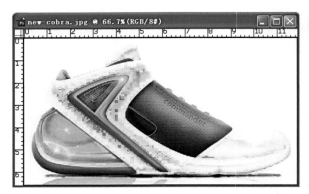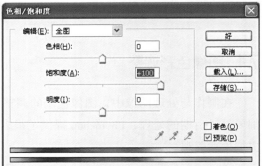

图7-2　图像色彩完全饱和

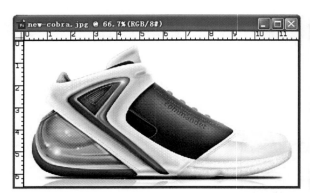

图7-3　图像变为灰色

（4）对比度

对比度是指不同颜色的差异程度，对比度越大两种颜色之间的差异越大。将一幅灰度图像的对比度增大后，黑白对比会更加分明。当对比度增加到最大值时，图像变为黑白两色图，反之则变为灰色底图。

7.1.2 图像色调调整

（1）直方图

打开一幅彩色图像，如图7-4所示，选择"窗口"→"直方图"命令就可以弹出"直方图"对话框，如图7-5所示。

直方图又称亮度分布图。直方图用图形表示图像的每个亮度级别的像素数量，展示像素在图像中的分布情况。直方图显示图像在暗调（显示在直方图的左边部分）、中间调（显示在中间）和高光（显示在右边部分）中是否包含足够的细节，以便进行更好的校正。

（2）直方图中各参数的含义

①通道：此下拉列表菜单用来选择要查看的颜色通道。

图7-4　图像

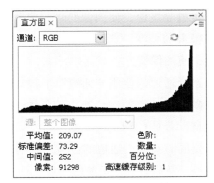

图7-5　"直方图"对话框

②平均值：图像或选定区域的平均亮度值。

③标准偏差：图像色谱曲线值的变化范围。

④中值：图像或选定区域亮度的中间值。

⑤像素数：图像或选定区域用于计算机亮度分布的像素总数。

⑥色阶：光标所在位置的色阶或选定区域范围的色阶。

⑦数量：光标所在位置或选定区域内的像素数。

⑧百分点：光标所在位置或选定色阶范围内的像素所占像素总数的百分比。

⑨隐藏色阶：隐藏色阶的数值是在图像隐藏属性对话框中设置的，数值越大，直方图显示得越快，但是对于高分辨率图像信息的准确性越差。

7.1.3 色阶调整

用"色阶"命令可以调整整个图像的明暗度，也可以对图像的一个图层，一个选区或一个颜色通道进行调整。

使用"色阶"对话框可以通过调整图像的暗调、中间调和高光等强度级别，校正图像的色调范围和色彩平衡。"色阶"直方图用作调整图像基本色调的直观参考。

具体操作如下：

①打开一个图像文件，执行"图像"→"调整"→"色阶"命令，弹出色阶对话框，如图7-6所示。

在对话框中有几个按钮，分别介绍如下：

自动按钮：单击此按钮可以将高光和暗调滑块自动以0.5% 的比例移到最亮点或最暗点。

载入按钮：单击此按钮可载入扩展名".ALV"的色阶文件。

存储按钮：可将当前设置保存为".ALV"，以备下次使用。

预览选项：选中可在图像窗口中预览调整过程中的图像效果。

吸管选项：分别为黑色按钮、灰色按钮和白色按钮，选择黑色按钮单击图像，使图像上所有像素的亮度值都会减去

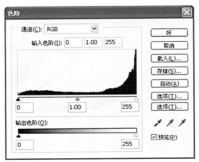

图7-6　"色阶"调整对话框

该选区色的亮度值，使图像变暗；选择灰色按钮 Photoshop CS 将用吸管单击处的像素亮度来调整所有像素的亮度；选择白色按钮单击图像，使图像上所有像素的亮度值都会加上该选取色的亮度值，使图像变亮。

②选择通道。使用"通道"下拉菜单，可以选择整个颜色范围内对图像进行色调调整，也可以单独编辑特定的颜色通道的色域。对于 RGB 模式的图像可对 R、G、B 三个单色通道分别进行调整；若是 CMYK 模式则可对 C、M、Y、K 四个单色通道进行分别调整。

若要同时对多个通道的色域进行编辑，请在通道调板中选择（按住 Shift 用鼠标单击）要编辑的通道，然后打开"色阶"命令对话框进行调整。

③设置参数。在"输入色阶"文本框（从左到右分别为：暗部色调、中间色调和亮部色调）内输入数值。暗部色调的取值范围为0~253，中间色调的取值范围为0.10~9.99，亮部色调的取值范围为1~255。可以使用色阶滑块来调整图像的色阶。最左边的黑色滑块（调整暗调），向右拖动，将增大图像的暗调范围使图像显得更暗；最右边的白色滑块（调整高光），向左拖动增加图像的高光范围，使图像变亮；中间的灰色滑块（调整中间色调），左右拖动改变中间色调的范围，从而改变图像的对比度。

也可以设置输出色阶的两个参数。这两个参数分别对应暗调滑块和高光滑块两个滑块，暗调滑块的取值范围为0~255，高光滑块的取值

（a）原始图像

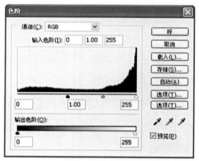

（b）向右拖动输入色阶的黑色滑块图像变暗

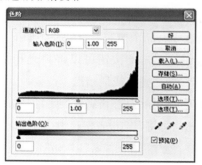

（c）向左拖动输入色阶的白色滑块图像变亮

图7-7 色阶调整示例图

范围是2～255。通过拖动两个滑块来降低图像的对比度。如向右拖动暗调滑块图像变亮，输出色阶左边文本框内的数值会相应增大；向左拖动高光滑块图像变暗，输出色阶右边文本框内数值会相应减小。所以输出色阶和输入色阶调整图像的功能正好相反。

④调整完成按"好"按钮。如图7-7所示为色阶调整示例图。

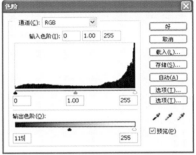

（d）向右拖动输出色阶的暗调滑块图像变亮

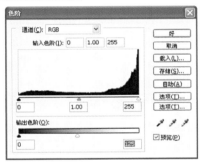

（e）向左拖动输出色阶的高光滑块图像变暗

图7-7 色阶调整示例图（续）

7.1.4 自动色阶调整

选择"图像"→"调整"→"自动色阶"命令，或者使用"色阶"对话框中的自动按钮，可自定义每个通道中最亮和最暗的像素作为白和黑，然后按照此比例重新分配其间的像素值。该命令对于调整缺乏对比度的图像或简单的灰度图像比较合适，可以自动调节图像的明暗度，去除图像中不正常的高亮区和黑暗区。使用"自动色阶"调整图像的效果如图7-8所示。

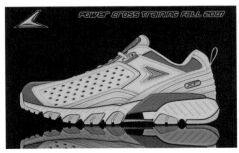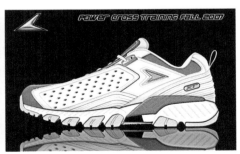

（a）原始图像　　　　　　　　　　　　（b）应用自动色阶后的效果

图7-8 自动色阶调整图像

7.1.5 自动对比度调整

"自动对比度"调整命令自动调整图像中颜色的整体对比度，使图像中最暗的像素和最亮的像素映射为黑色和白色，使暗调区域更加暗而高光区域更亮，从而增大了图像的对比度。

自动对比度命令可以改进连续图像的外观（如许多摄影图像），但不能改进单色图像。

要对图像进行"自动对比度"调整，请选择"图像"→"调整"→"自动对比度"命令。

7.1.6 曲线调整

选择"图像"→"调整"→"曲线"命令，也可以帮助用户调整图像的整体色调范围和色彩平衡，它不只是使用高光、暗调和中间调三个变亮进行调整，而是将图像的色调分为四部分，可以让用户在阴影色和中间色之间（3/4）以及中间色和高亮度（1/4）之间精确的调整色调。曲线调整对话框如图7-9所示。

曲线图的水平轴为输入色阶，表示原图像中像素的色调分布，初始时分成了四部分，从左到右依次是暗调（黑）、1/4色调、中间调和3/4色调和高光（白）；纵轴为输出，代表新的颜色值，从上到下亮度值逐渐减小。刚打开的曲线是一条过原点的对角线，表示输入色阶和输出色阶值相同。

用曲线调整图像色调就是能通过调节曲线的形状来改变输入和输出色阶的值，从而改变图像的色调分布。曲线调整的具体操作如下：

①打开一个图像文件，如图7-10所示，打开曲线对话框，先在通道下拉列表中选择要调整的通道。

②用鼠标左键单击要调整的曲线部位，当鼠标变成一个箭头时，"输入"和"输出"值会出现鼠标所在的坐标，在曲线上按住鼠标可以拖动曲线，放开鼠标就出现一个锁定的点，拖动该点到其他位置，可以调整图像的色彩。也可以用铅笔工在网格内绘制出一条曲线，代替调节曲线的形状，如图7-11所示。

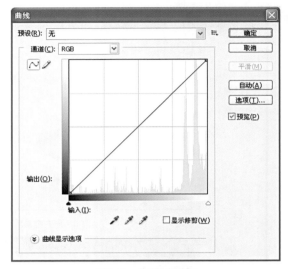

图7-9 曲线对话框

图7-10 原始图像

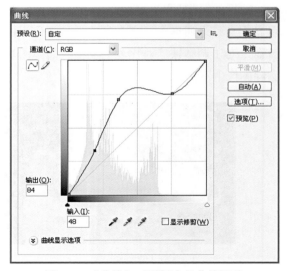

图7-11 "曲线"对话框中的曲线调整

③调整好曲线的形状后，单击"好"按钮。曲线对话框中的其他按钮用法与色阶对话框相同，调整曲线后的图像效果如图7-12所示。

7.1.7 自动颜色调整

执行"图像"→"调整"→"自动颜色"命令，可自动调整图像中的色彩平衡，它首先确定图像中的中性灰色像素，然后选择一种平衡色来填充图像中的中性灰色像素，起平衡色彩的作用。用"自动颜色"命令调整图像的效果，如图7-13所示。

图7-12　调整曲线后的效果

（a）原始图像　　　　　　　　（b）调整后的效果

图7-13　用"自动颜色"命令调整图像

7.1.8 色彩平衡调整

"色彩平衡"命令用于调整图像或选区中可以增加或减小处于高亮度、中间色和暗色区域中的额定颜色。而且只能应用于复合颜色通道，在彩色图像中改变颜色的混合，若图像有明显的偏色，可用此命令来调节。

在调整色彩时最好由一个色轮图作为参考，从色轮图中可以看出相对的两种颜色互补（如红色和青色是互补），其中一种增大另一种就会减少；每一种颜色都是由相邻的颜色混合得到（如蓝色是由青色和洋红色混合而成）。

"色彩平衡"的操作步骤如下：

①打开一图像文件如图7-14所示，选择"图像"→"调整"→"色彩平衡"命令，打开"色彩平衡"对话框。

②调整各参数值。在色彩平衡对话框中，

图7-14　原始图像

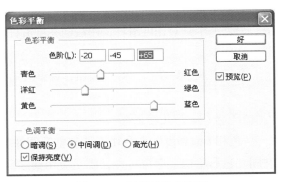

图7-15　色彩平衡对话框

"色阶"三个文本框用来显示三个滑杆的滑块所在位置的值，也可以直接在文本框内直接输入数值来调整颜色的平衡，如图7-15所示。

三条滑杆分别用于调整：从青色到红色、从洋红到绿色和从黄色到蓝色。

"色彩平衡"选项用来选择颜色均衡区域（暗调、中间调或高光）。

选择"保持亮度"选项可保持图像的整体亮度不变。

如选择预览复选框，可以在调整时对生成效果在原图上进行观察效果。

③调整完成，单击"好"按钮，调整好的效果如图7-16所示。

图7-16　调整后的图像效果

图7-17　原始图像

7.1.9 亮度 / 对比度调整

使用"亮度 / 对比度"命令可以对图像的色调进行简单的调整，它对图像的整体进行全局调整而不光是高光区、中间色区还是暗色区。它是对这些区域进行同时调整，对单通道不起作用。

对"亮度 / 对比度"的操作步骤如下：

①先打开一幅要调整的图像，如图7-17所示。选择"图像"→"调整"→"亮度 / 对比度"命令，打开"亮度 / 对比度"对话框。

②调整对话框中的参数值。在"亮度 / 对比度"对话框中有两个滑杆，一个是亮度滑杆，用来调整图像的亮度，向左拖动滑块是降低亮度，反之是加强亮度，数值的范围是 -100到100之间，其右边有一个文本框显示亮度值，也可以在其中输入值；另外一个是对比度滑杆，用法同亮度滑杆，如图7-18所示。

③确定调整好单击"好"按钮，调整后的效果如图7-19所示。

图7-18　"亮度 / 对比度"对话框

图7-19　调整后的图像效果

7.1.10 色相 / 饱和度调整

"色相 / 饱和度"命令用于调整整个图像或图像中单个颜色成分的色相、饱和度和明暗度。它同"色彩平衡"命令一样，都是应用到选定颜色模式的颜色轮，调整色相或颜色的纯度表现为在半径上移动。

"色相／饱和度"命令不仅可以调整图像中的单个颜色的色相、饱和度和亮度，还可以使用"着色"选项将颜色添加到已转换为 RGB 的灰度图像，或添加 RGB 图像。

调整"色相／饱和度"的操作步骤如下：

①打开要调整的图像，选择"图像"→"调整"→"色相／饱和度"命令，打开"色相／饱和度"对话框，如图7-20所示。

②调整各参数值，方法如下：

a．编辑下拉列表是允许调整的范围，可选择全图或选择图像中的某一种颜色进行调整。可选颜色为：红色、黄色、绿色、青色、蓝色和洋红。

b．在"色相／饱和度"对话框上有三个滑杆：当打开该对话框时，三个滑块都处在滑杆的中间位置。

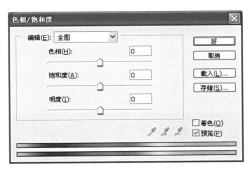

图7-20 "色相／饱和度"对话框

色相滑杆用来调整图像的色相，可以在右边的文本框之间输入数值，也可以通过左右移动滑杆上的滑块来调整图像的色相。滑块的起始位置在滑杆的中间，数值为"0"。滑杆的左右端点的数值分别为 -180和 +180，正值代表色轮指针顺时针旋转，负值代表色轮指针逆时针旋转。如果选择了着色复选框，滑块则位于滑杆的左端，为"0"值。

饱和度滑杆用来调整图像的饱和度，可以在文本框中输入数值或拖动滑块来调整图像的饱和度。滑块位于的中点为"0"零点，滑杆左右端点分别为 -100和 +100。调整饱和度是对应色轮图上沿半径向着圆心和背离圆心移动。

亮度滑杆用来调整图像的亮度，可以在文本框中输入数值或拖动滑块来调整图像的亮度。滑块位于的中点为"0"零点，滑杆左右端点分别为 -100和 +100。

（a）原始图像

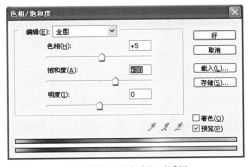

（b）"色相／饱和度"对话框

c．颜色条：在对话框的底部有两条颜色条，它们以各自的顺序表示色轮中的颜色，上面的一条显示调整前的颜色，下面的一条显示所调整时的颜色变化。

d．吸管工具：当选择编辑单色时才可用，选择普通吸管工具是对具体的单色的范围进行编辑，选择带"+"的吸管可以增加单色范围，而选择带"-"的吸管是减少单色范围。

e．着色：此选项可使图像为灰度着色或创建单色效果。一般情况下是由灰度图像转换成的 RGB 图

（c）调整的图像效果

图7-21 用"色相／饱和度"调整图像

像进行颜色调整。

应用"色相／饱和度"进行调整的图像效果如图7-21所示。

7.1.11 去色调整

"去色"命令可以将图像的颜色去掉，变成灰度图像，但其颜色模式保持不变，只是每个像素的颜色被去掉只留有明暗度。如果此命令应用于多图层图像，那么该命令只对当前工作图层起作用。如图7-22所示。

（a）原始图像 　　　　　　　　　　　　　　　　　（b）应用"去色"后的效果

图7-22　应用"去色"命令调整图像

7.1.12 替换颜色调整

"替换颜色"命令的作用是其他颜色替换图像中的特定的颜色。一般方法是在图像中基于特定颜色创建一个临时蒙版，用以改变选定像素的色相、饱和度和亮度，然后替换图像中的特定颜色。

①打开一幅要调整的图像，选择好要调整的区域，再选择"图像"→"调整"→"替换颜色"命令，打开"替换颜色"命令对话框，如图7-23所示。

②调整对话框参数。

a."选区"包含一个颜色容差滑

图7-23　"替换颜色"命令对话框

杆，在其右端是文本框，可以拖动滑块或输入数值来改变颜色容差的值。向右拖动是增大颜色容差，即扩大所选颜色所在选区；向左拖动是减小颜色的容差，即选区减小。

在缩览图下方有"选区"和"图像"两个选项，单击"选区"选项将在缩览图上显示蒙版内容，被蒙区域为黑色，未蒙区域为白色，还有一些区域为灰色。选中"图像"选项将在缩览图中显示选区内的图像内容，在处理放大图像或屏幕空间有限时，该命令十分有用。无论是选择"选区"还是"图像"，当鼠标在缩览图上或在原图像上都为一个吸管的形状，单击可以在图像上取色，取来的颜色显示在"变换区域"中的颜色预览框中。

b. 在"变换"区域，通过拖动色相、饱和度和明度滑块或在右边的文本框输入数值来改变选取的颜色。

③ 调整好各部分参数后，单击"好"按钮。调整好的对比效果图如图7-24所示。

对于"替换颜色"对话框中的其他按钮，其用法与以前介绍的命令按钮用法相同。

 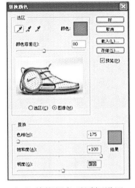 

（a）原始图像　　　　　（b）替换颜色对话框设置　　　　　（c）调整后的图像

图7-24　应用"替换颜色"命令调整图像

7.2　鞋样材质的建立

鞋样效果图是在设计草图的基础上将设计具体化、完善化，并将鞋样的最终效果图以绘图的形式展现出来的一种直观表现形式。因此，在效果图中应该将所设计鞋样的色彩、材料、等元素表现清楚，同时整个画面既要有吸引力和说服力，更重要的是要有直观性、可操作性和实用性。所以，如何建立鞋样材质并应用在鞋样设计中，就成为影响鞋样效果图质量的重要因素。接下来介绍如何建立鞋样的材质。

7.2.1　鞋样皮革材料的建立

① 打开一个鞋样皮革材料文件，如图7-25所示。

② 所打开的材料文件画面一定要整洁，因为它关系到效果图的质量，因此，当所打开的材料文件画面不整洁时，可以运用"仿制图章工具""修补工具"等选项进行修改，使材料文件的画面整洁。

a. 用修补工具在所需要修改的部位上建立选区，然后进行羽化3～5个相素，如图7-26、图7-27所示。

图7-25　皮革材料

b. 羽化完之后，用修补工具将选区拖拉到与所要修改区域的颜色、肌理相近的部位上，材料就会被修改，修改完以后按 Ctrl+D 取消选区，一张整洁、美观的材料就会呈现在眼前了。如图7-28、图7-29所示。

③ 如果确定材料颜色就是所要的颜色执行"编辑"→"定义图案"，然后在弹出的"图案名称"对话框中可修改定义图案的名称。若不需修改则按"好"按钮即可将此材料定义到材质库

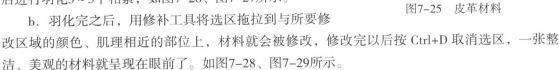

里，方便绘制鞋样效果图时使用。如图7-30、图7-31所示。

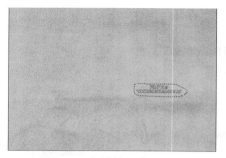

图7-26　在材料上建立选区

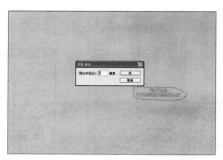

图7-27　羽化选区

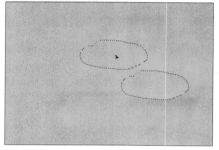

图7-28　用修补工具拖拉选区

图7-29　修改完的材料

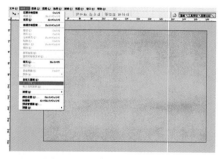

图7-30　"定义图案"选项

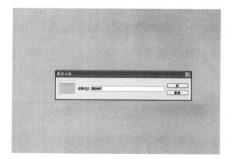

图7-31　"图案名称"对话框

④若材料颜色不是所要的颜色，则可通过亮度／对比度、色相／饱和度等选项来调整。

方法一：首先，在拾色器上选择所要的颜色，然后执行"图像"→"调整"→"色相／饱和度"（Ctrl+U），在弹出的色相／饱和度对话框的右下角选择"着色"选项，接着调整一下饱和度和明度，直到自己满意为止，按"好"按钮即可。若觉得纹理不够清晰则可执行"图像"→"调整"→"亮度／对比度"来调整，调整完之后执行"编辑"→"定义图案"将材料定义到材质库里，如图7-32、图7-33所示。

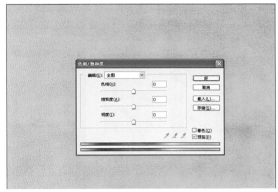

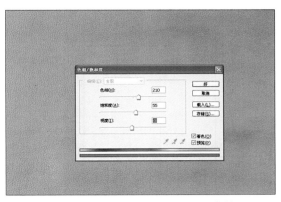

图7-32　"色相 / 饱和度"对话框　　　　　　图7-33　修改"色相 / 饱和度"参数

方法二：单击图层调板下方的"创建新的填充或调整图层"按钮，在弹出的菜单中选择"纯色"选项，之后会弹出"拾色器"对话框，在"拾色器"对话框中选择所要的颜色，然后按"好"按钮，最后只要将"纯色"图层的图层模式改为"色相"即可，若不满意，还可通过亮度 / 对比度、色相 / 饱和度等选项来调整，直到满意为止。如图7-34至图7-37所示。

材料修改完之后，执行"编辑"→"定义图案"将材料定义到材质库里。

图7-34　创建纯色图层　　　　　　　　　　图7-35　"拾色器"对话框

图7-36　更改图层模式　　　　　　　　　　图7-37　最终效果

7.2.2　鞋样网眼布的建立

①建立一个新的文件（A4大小，分辨率300像素 /in），然后点选矩形选框工具，创建一个矩形选区，并填充所需的颜色，如图7-38、图7-39所示。

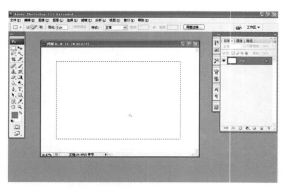
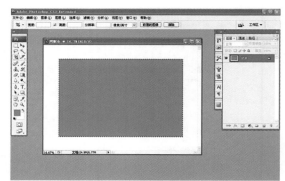

图7-38　新建文件并建立选区　　　　　　　图7-39　填充所需颜色

②取消选区（Ctrl+D），然后执行"图像→模式→灰度"，系统会弹出一个对话框询问是否扔掉颜色信息，选择"好"按钮即可，如图7-40、图7-41所示。

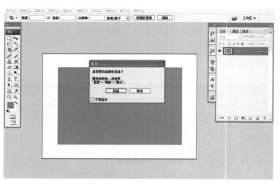

图7-40　执行灰度前　　　　　　　　　　　图7-41　执行灰度后

③执行"图像→模式→位图"，在弹出的对话框中"分辨率"为"输出：120像素 /cm"，"方法"为"半调网屏"，然后选择"好"按钮。在弹出的"半调网屏"对话框中将"频率"值设为"3线 /cm"（频率越大网点越小，反之越大），"角度"值为"45"、"形状"为"圆形"，然后点击"好"按钮即可，效果如图7-42、图7-43所示。

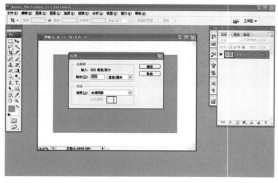
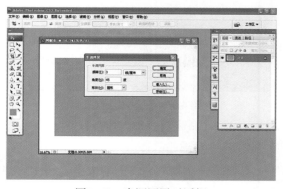

图7-42　位图对话框　　　　　　　　　　　图7-43　半调网屏对话框

④执行"图像→模式→灰度"，在弹出的对话框中将"大小比例"设为1，然后选择"好"按钮，如图7-44所示。

⑤执行"图像→模式→RGB 颜色"，然后在执行"选择→色彩范围"，在弹出的色彩范围对话框中设置"选择：阴影、选区预览：黑色杂边"，其他参数不变，然后点击"好"按钮即可，如图7-45、图7-46所示。

⑥新建一个图层填充所需要的颜色，然后根据需要更改背景颜色，如图7-47所示。

⑦并应用图层样式编辑新创建的网眼布，使其具有一定的立体感，如图7-48所示。

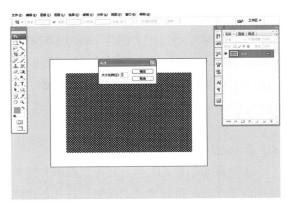

图7-44　灰度对话框

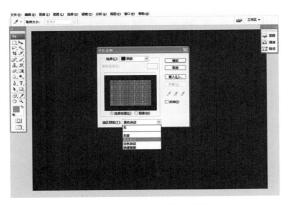

图7-45　色彩范围对话框

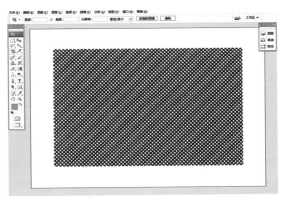

图7-46　执行色彩范围后

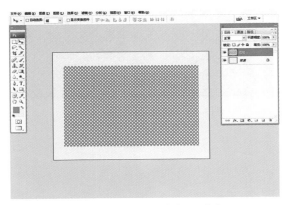

图7-47　填充完颜色的网眼布

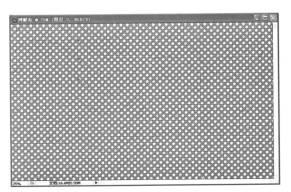

图7-48　编辑完的网眼布

⑧最后应用裁剪工具裁剪为相应的大小，在执行"编辑"→"定义图案"将网布材料定义到材质库里即可，若"网点"过大或过小，可执行"编辑→自由变换"对其进行修改，如图7-49所示。

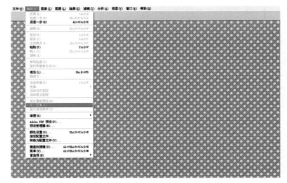

图7-49 定义网眼布

7.2.3 网眼布其他样式的编辑

①网眼布创建完之后，还可以根据鞋样效果图的需求再次进行样式的编辑，打开创建完的网眼布，在应用 Photoshop 中的钢笔等工具绘制各种样式或图案。如图7-50所示。

②绘制完样式后新建一个图层，并移到网眼图层下，然后选择画笔工具，再根据需要设置画笔的大小，如图7-51所示。

③设置完画笔选择路径工具进行描边（也可以回到路径调板点按左下方的"用画笔描边路径"按钮）即可得到所绘制的样式或图案，最后在执行"编辑"→"定义图案"即可将编辑完的网布定义到材质库里，如图7-52所示。

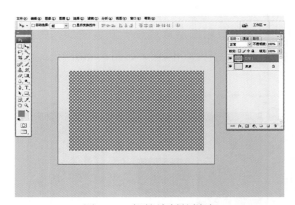

图7-50 钢笔绘制的样式

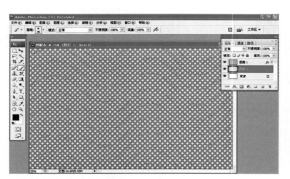

图7-51 画笔设置

图7-52 编辑完样式的网眼布

第八章

运动鞋设计与配色

　　电脑效果图是鞋类造型设计理想的表现方式之一，是将构思产品化的一个过程。主要是将设计构思通过2D或3D软件进行编辑等方法成为可视成品鞋形象的一种手段，它是一种产品图像而不是纯粹的艺术品。但它又必须具有一定的艺术魅力，才能便于同行和生产部门理解其意图。优秀的效果图本身就是一件很好的艺术品，它融艺术与技术为一体。电脑效果图是一种观念，是造型、色彩、质感、比例、光影的综合表现。同样的效果图在相同的条件下，具有美感的作品往往胜算在握。设计师想说服各种不同意见的人，利用美观的效果图能轻而易举的达到目的。除了这些它还代表设计师的工作态度，品质与自信力。

　　成功的设计师对作品的美感是不会疏忽的。美感是人类共同的语言。设计作品如不具备美感，就好像红花缺少绿叶一样，黯然失色。

　　在这一章节中我们将学习一些常见运动鞋的效果图设计及其各种工艺效果的处理。

8.1　跑鞋设计与配色

8.1.1　跑鞋设计与本例说明

　　俗话说得好"工欲善其事，必先利其器"。下面就让我们来了解一下跑步鞋的特点。

8.1.1.1　跑鞋的特点

　　（1）造型特点

　　为了减少运动过程中脚趾部位频繁的屈挠幅度，所以运动鞋外形上鞋尖和鞋跟都有一点点翘，鞋头有翻胶，像个小船。运动时脚趾要有足够的空间可以伸展，所以前掌要宽大一些。

　　（2）功能特点

　　由于跑步时产生的震荡力相当于体重的2~3倍，所以跑步鞋的中底多采用高密度加厚的减震设计。

　　（3）材料特点

　　人在剧烈运动中会产生大量汗水，而脚掌是汗水堆积最多的部位，因此，跑步鞋的通风透气性是非常关键的，鞋面材料多采用尼龙网布（也使用一些透气的革料，如超纤等），以增加透气性。

　　（4）色彩特点

　　跑鞋的色彩和运动鞋一样，它们和其他鞋类相比具有色彩运用幅度大、范围广、视觉感受丰富等特点。跑鞋的装饰色彩不仅包括常见的色彩，还大量运用金属色、激光、闪光等。它还有一特点，就是受服装流行色的影响较大，因此，作为鞋类设计师，应多关注服装面料色彩的流行变化趋势。

（5）装饰特点

跑鞋的装饰主要有高频、印刷、分化、热切、滴塑等装饰工艺。当然图案、文字、标识、金属和塑料等部件也比较常用，装饰部件近年来朝着美观与功能相结合的方向发展。

8.1.1.2 跑鞋的比例

一般情况下，鞋前头到护眼长度（A）：护眼到脚山长度（B）：脚山到后统口端点长度（C）= 2：3：3，中帮高度（D）：鞋子长度（E）= 2：5，鞋前头到脚弓长度（F）：脚弓到鞋底后端点长度（G）= 3：2，脚山和脚弓大概在同一垂线（D）上。鞋头跷度25°~30°。这是跑鞋的大概比例，它们并不是固定不变的，在实际操作中有一些偏差是很正常的，如图8-1所示。

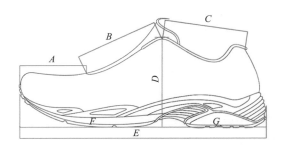

图8-1　跑鞋的比例

8.1.1.3 本例说明

作品名称：梯田

设计构思：灵感来自于梯田和鱼骨，以梯田作为创作主体，突出鞋子的动感和曲线美。而鞋底的TUP则采用鱼骨的造型，它的造型与帮面相呼应，突出了鞋子的造型美。

设计规格：男鞋、法码42#、帮面采用不对称设计。

装饰工艺：高频、印压、空压。

材　　料：荔枝纹超级纤维、PU太空、组合底（橡胶大底+MD+TPU）。

最终效果图如图8-2所示。

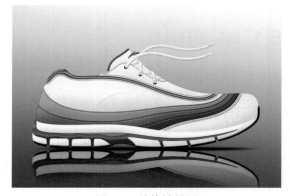

图8-2　最终效果图

8.1.2 跑鞋结构路径的绘制

跑鞋的设计首先要从结构路径的绘制开始，它是跑鞋的结构。对跑鞋的一切设计都要在这个结构中进行。具体步骤如下：

①启动 Photoshop，执行"文件"—"新建"命令（Ctrl+N），新建一个空白文件。在名称文本对话框中可以输入文件名称。在预设面板里选择A4的纸张类型。然后，将它的高度和宽度的数值对换一下，因为我们所要的是横向纸张（也可以自行输入数值），单位是 mm。把分辨率的数值调到150~200。一般用150或者200就可以了，单位是像素 /in。模式采用 RGB/8位，背景内容为白色。其他参数不变，最后点击（好）按钮，新文件即创建完毕。如图8-3、图8-4所示。

图8-3　新建文件　　　　　　　　　　　图8-4　名称文本对话框

②新文件创建好之后，如果新文件没有显示标尺，则可在"视图"下拉菜单中选择"标尺"选项（Ctrl+r）来显示标尺。然后，利用标尺和参考线拉出一个25×12.5大小的矩形，并将矩形的长分成5等份，宽分为2：2：1。这个框架是根据运动鞋的比例来设置的。在实际操作中跑鞋的中帮高度要比这个框架低2~3cm，如图8-5、图8-6所示。

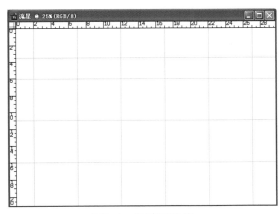
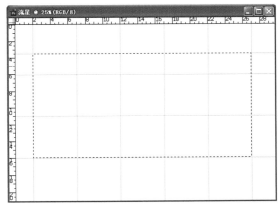

图8-5　创建辅助线　　　　　　　　　　图8-6　创建辅助线

③定出大概比例之后，接着绘制鞋子的结构图。选择钢笔工具，如图8-7所示，一般从鞋底绘制起，然后才是帮面。鞋底的路径应该是单独闭合的曲线。

一般在绘制鞋子的时候，往往选择了钢笔工具之后就开始绘制，而绘制完之后没有先保存路径就保存文件了。这样下次打开的时候路径有可能会丢失。所以绘制完之后要记得先保存路径，然后再保存文件。

还有一种方法也可避免路径丢失，就是在绘制之前先新建一个路径。具体步骤如下：

a．点击路径面板，然后点击右上角的小三角形，在弹出的下拉菜单中选择"存储存路径"选项，如图8-8、图8-9所示。

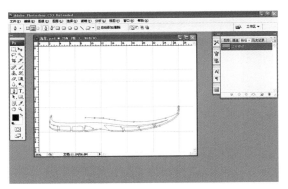

图8-7　绘制鞋底路径

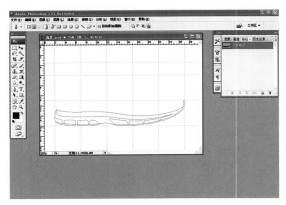

图8-8　选择路径面板　　　　　　　　　　　　　图8-9　存储存路径

　　b．在弹出的存储路径对话框中，可以输入想要的名称，也可直接点击"好"按钮。这时候可以发现原来的"工作路径"现在变成了"路径1"，如图8-10、图8-11所示。

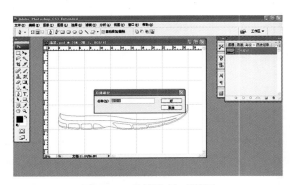
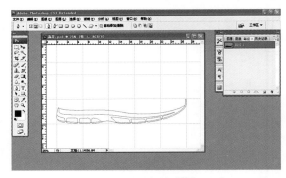

图8-10　存储路径对话框　　　　　　　　　　　图8-11　存储路径

　　④绘制完鞋底之后，就可以开始绘制帮面了。首先，绘制出帮面的外框，然后再深入绘制它的细部结构，如图8-12、图8-13所示。

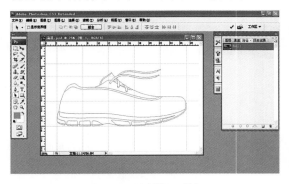
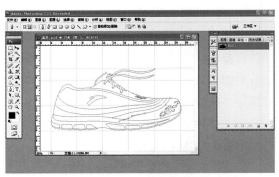

图8-12　绘制帮面外框　　　　　　　　　　　图8-13　绘制帮面结构

⑤绘制完鞋子的结构线，还要根据部件的层叠关系，绘制出车线的路径，如图8-14所示。之后再新建一个路径图层，把绘制好的车线路径剪切到新建的路径图层里，剪切路径步骤如下：

a. 按住 Shift 键，用路径工具选取所有车线路径，然后，剪切所选取的车线路径，如图8-15所示。

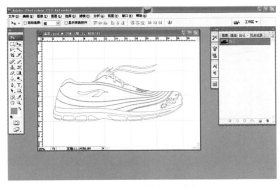

图8-14　绘制车线路径

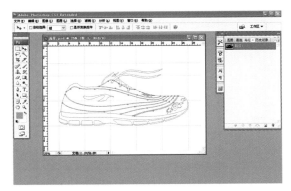

图8-15　选取车线路径

b. 剪切完之后，在路径面板中新建一个路径，然后，按粘贴所剪切过来车线路径。如图8-16、图8-17所示。

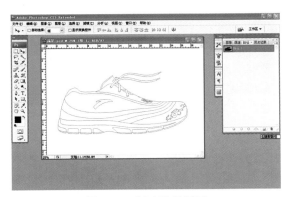

图8-16　新建路径图层

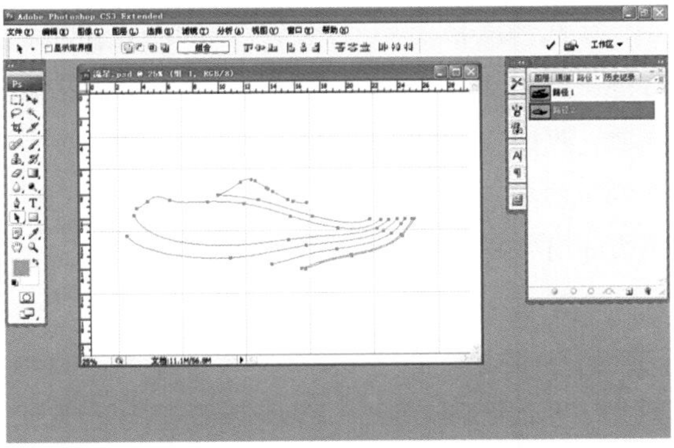

图8-17　粘贴车线路径

画到这里，就将鞋子的结构线画好了。回到路径一，然后点击视图菜单，在下拉的菜单中选择清除参考线，隐藏参考线。这时候可以得到一个干净的鞋子路径画面，如图8-18所示。

8.1.3 跑鞋的配色

为跑鞋配色，具体步骤如下：

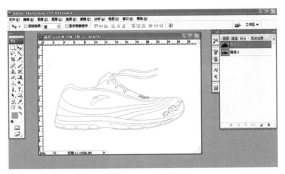

图8-18　跑鞋结构路径

（1）给鞋子的结构路径描边

①选择画笔工具，然后在其属性栏的画笔选项中设置画笔的直径和硬度。这里选用一个像素，其他参数不变。如图8-19、图8-20所示。

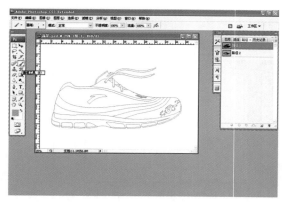

图8-19　画笔属性栏

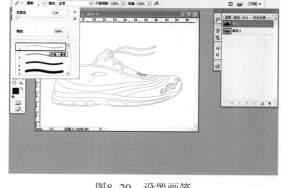

图8-20　设置画笔

②选择路径一，然后回到图层面板新建一个图层（之后的配色中，每做一个部件都要新建一个图层，这是为了以后方便给鞋子做效果），如图8-21所示。

③选择路径工具，然后在画面中点击鼠标右键，在其弹出的对话框中选择"描边路径"选项，这时候会弹出描边路径对话框，在对话框的工具栏中选择画笔工具，然后点击"好"描边即可完成，如图8-22、图8-23所示。

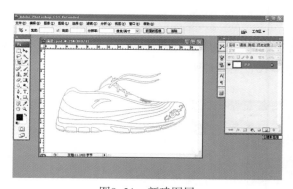

图8-21　新建图层

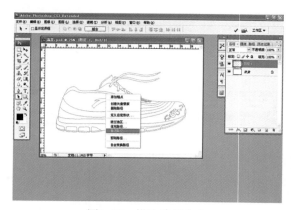

图8-22　描边路径命令

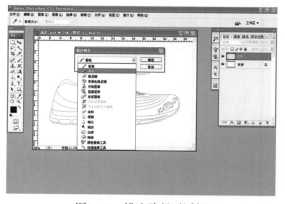

图8-23　描边路径对话框

④描边完之后回到路径面板，退出路径选择状态，如图8-24、图8-25所示。

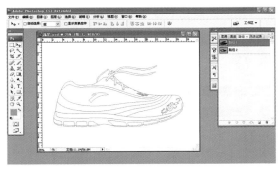

图8-24　回到路径面板

图8-25　退出路径选择状态

（2）配色阶段

运动鞋的配色一般从最表层的部件开始，然后依此类推一直到最里层的部件。

①回到图层面板，然后选择魔棒工具并在其属性栏里选择"添加到选区"选项。接着就可以选取所要配色的部件了。首先，选取鞋底的大底部分，然后点击"选择"菜单，在其下拉菜单中选择"修改"选项中的"扩展"选项，如图8-26、图8-27所示。

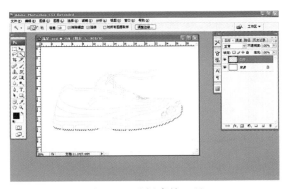

图8-26　选择魔棒工具

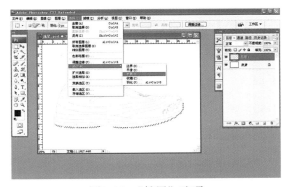

图8-27　"扩展"选项

②选择"扩展"选项后会弹出"扩展选区"对话框，在扩展量选项栏中输入一个像素（之前描边用的是一个像素），然后点击"好"，接着新建一个图层。如图8-28、图8-29所示。

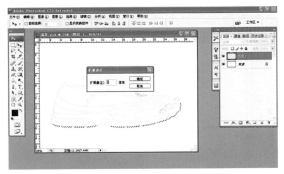

图8-28　"扩展选区"对话框

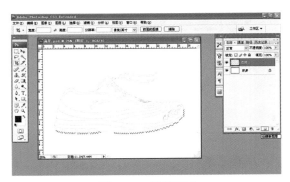

图8-29　新建图层

③在拾色器选择所要的颜色，然后点击"编辑"菜单，在其下拉菜单选择"填充"选项，在弹出的填充对话框中选择使用选项里的前景色/背景色，然后点击"好"即可填充颜色了（也可按 Alt+BackSpace 填充前景色、Ctrl+BackSpace 填充背景色），如图8-30、图8-31所示。

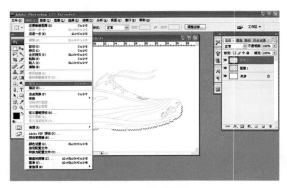

图8-30　填充命令

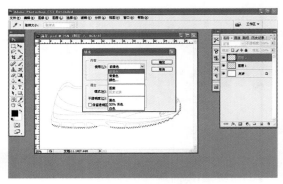

图8-31　填充前景色

④填完色后选区还在，这时候按"Ctrl+D"即可取消选区。接着才能进一步配色，如图8-32、图8-33所示。

图8-32　填完色后的状态

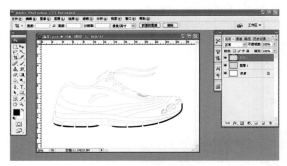

图8-33　取消选区

⑤要进一步配色的时候可能会出现这种状况，同样是用魔棒工具，但却没办法选择所要的部件，那是因为没有回到"图层一"就进行选择的缘故。因为鞋子结构路径描边是在图层一进行的，所以再次选择时必须回到"图层一"才可以，如图8-34、图8-35所示。

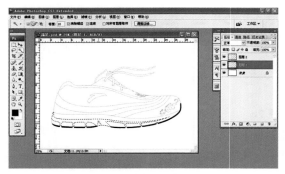

图8-34　选择"图层一"

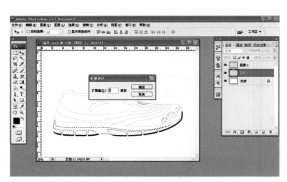

图8-35　"扩展选区"对话框

⑥其他部件的配色，只要重复上述步骤即可完成。如图8-36是完成所有部件配色后的大体效果。

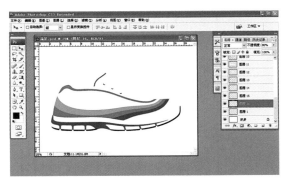

图8-36　完成配色后的效果

8.1.4　跑鞋配色效果制作

刚配完色的鞋子画面很平，缺乏立体感和质感。所以需要为鞋子做一些效果来增强它的立体感和质感。具体步骤如下：

（1）鞋底效果

①选择鞋底的大底部分"图层二"（由于配色所用的图层太多，很难分辨要做效果的是哪一层，这时候可以用移动工具在所要选择的图层上单击鼠标右键，在弹出的对话框中选择所显示的图层，当然如果知道所要做效果的是哪个图层，也可在图层面板中直接选择），这时候"图层二"即被选中。如图8-37、图8-38所示。

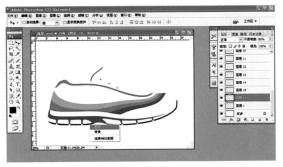

图8-37　图层显示命令

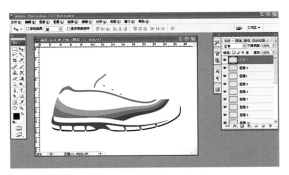

图8-38　选择鞋底图层

②在图层面板中双击"图层二"缩览图，这时候会弹出"图层样式"对话框。在对话框中勾选并点击"斜面和浮雕"选项，同时勾选掉"阴影"里面的"使用全局光选项"（也可不勾选掉，但如果要更改这个图层的阴影角度时，其他图层的阴影角度也会跟着改变，而勾选掉则不会）。各选项的参数并不是固定的，可根据自己的喜好进行设置，此参数仅作参考，如图8-39、图8-40所示。

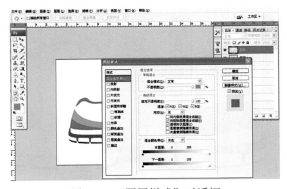

图8-39　"图层样式"对话框

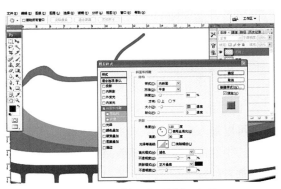

图8-40　"斜面和浮雕"选项

③大底的立体感已经有了，但还是没有什么质感，这时候可以勾选并点击"纹理"选项，然后在其"图案"选项栏里选择想要的图案，接着可通过"缩放"和"深度"选项来调节以达到想要的效果。最后点击"好"按钮即可。这样大底的效果就差不多了。如图8-41所示。

④鞋底 TPU 的效果。

a. 选取 TPU 图层并双击缩览图，同样也是通过图层样式里的"斜面和浮雕"以及其他选项来做效果，由于 TPU 大多是塑料质地，

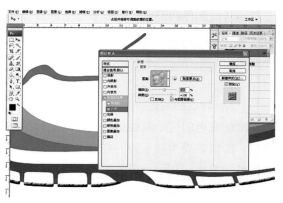

图8-41 "纹理"选项

所以就不需什么纹理，但要有高光，这一点可以通过"斜面和浮雕"选项中的"光泽等高线"来完成。等高线可用现有的也可自己调节，若想要自己调节只需点击"光泽等高线"曲线缩览图，在弹出的"光泽等高线编辑器"中调节节点使其达到想要的效果，然后点击"好"按钮即可。具体参数如图8-42、图8-43所示（仅供参考）。

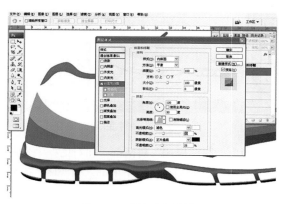

图8-42 "斜面和浮雕"

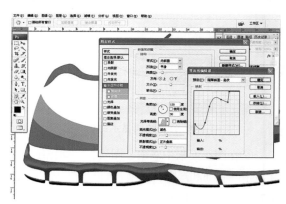

图8-43 "光泽等高线编辑器"

b. 等高线也可以追加或载入，点击"光泽等高线"曲线图右边的小三角，在弹出的菜单中选择"复位等高线"或者"等高线"，然后在弹出的对话框中选择"追加"或者载入等高线即可，等高线追加步骤如图8-44所示。这时候 TPU 的效果就差不多了，但好像有点飘，因此可以加入投影选项来使效果更加真实。

⑤中底的效果。中底效果和大底效果差不多，都有纹理，但由于此款鞋子的中底是白色的，所以增加"内阴影"选项来增强它的立体

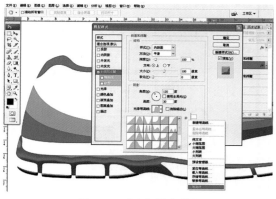

图8-44 "追加等高线"

感和质感，这样鞋底的效果就做好了，具体参数如图8-45、图8-46所示。

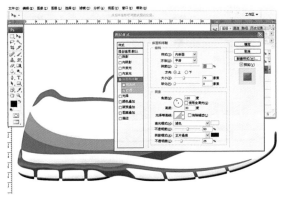
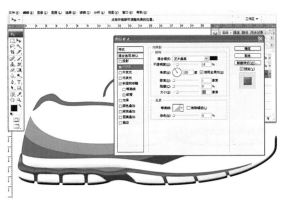

图8-45 "斜面和浮雕" 　　　　　　　　　　　图8-46 "内阴影"选项

（2）帮面的效果

①先从外包头部分做起，选择并双击外包头部件图层缩览图，由于这个部件的材料是荔枝纹超级纤维，为了其质感和立体感，除了应用"斜面和浮雕""投影与内阴影"之外，还须应用"图案叠加"和"渐变叠加"。在"图案叠加"选项里可以通过"图案"选择所要的材质，通过"不透明度"来调节材质纹理的清晰度。在"混合模式里可以调节"图案的各种模式。具体参数如图8-47、图8-48所示。

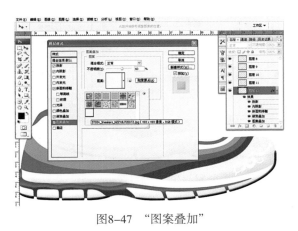
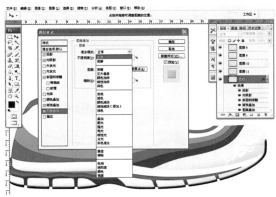

图8-47 "图案叠加" 　　　　　　　　　　　图8-48 "混合模式"

②"渐变叠加"的调节和使用。笔者认为这一选项如果运用得好，可使鞋子的立体感增强不少。具体步骤如下：

a．在渐变叠加面板里可以通过"混合模式""不透明度""渐变""样式""角度""收放"等选项来调节效果。点击渐变选项里的小三角，在弹出面板中可以选择系统自带的渐变类型。如图8-49、图8-50是外包头部件"渐变叠加"应用的参考数据。

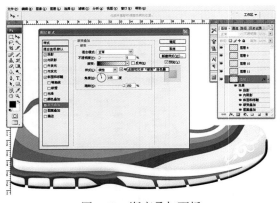
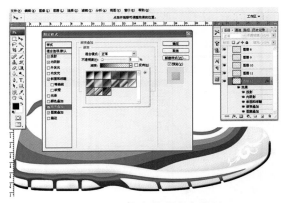

图8-49　渐变叠加面板　　　　　　　　　　　图8-50　系统自带的渐变类型

b．除了系统自带的渐变模式外，也可以自己进行编辑，用鼠标单击"渐变叠加"对话框中的颜色渐变条，就会弹出"渐变编辑器"对话框（在对话框中除了自己编辑外也可选择系统自带的渐变类型）。在"渐变类型"选项中的颜色渐变条上的四角有四个色标，上面两个是调节不透明度的色标，下面两个是调节颜色的色标。把鼠标放在图案框的边沿处等出现小手形状时单击鼠标左键，即可添加色标来编辑渐变的类型，编辑完点击"好"即可，如图8-51、图8-52所示。

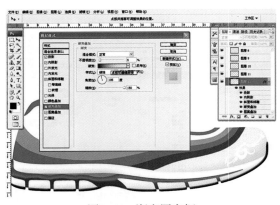
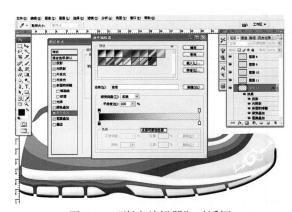

图8-51　渐变图案框　　　　　　　　　　　图8-52　"渐变编辑器"对话框

③鞋帮部件、鞋舌和外包头部件的材料是一样的，因此，只需将外包头部件的效果复制到鞋帮部件和鞋舌即可。首先，选择外包头部件的图层并在缩览图上点击鼠标右键，在弹出的下拉菜单中选择"拷贝图层样式"。然后选择帮面部件的图层并在缩览图点击鼠标右键，在弹出的下拉菜单中选择"粘贴图层样式"，如图8-53、图8-54所示。鞋舌部件效果的做法也一样。

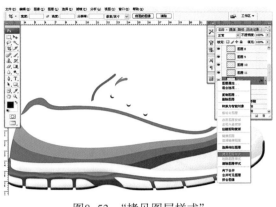

图8-53　"拷贝图层样式"

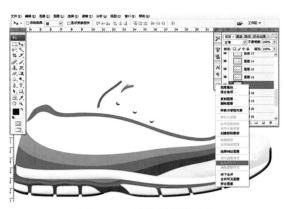

图8-54　"粘贴图层样式"

④帮面是补强件的效果，由于补强件的材料是 PU 太空革，一般它的表面比较光滑，纹理不明显，因此效果比较好做。其他补强件的材料也都是 PU 太空革，因此也只需复制／粘贴图层样式即可。参考数据如图8-55所示。

⑤帮面部件上的 PVC 装饰部件的效果。此部件的效果和 TPU 的效果差不多。只是光泽度不一样，具体操作如图8-56所示。

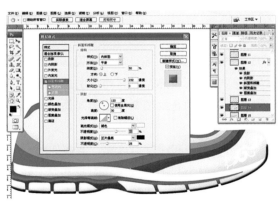

图8-55　"斜面和浮雕"参考数据

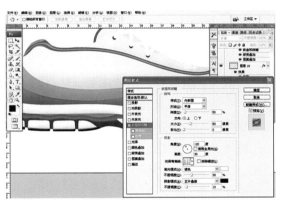

图8-56　PVC 装饰部件效果

⑥是帮面工艺的效果。

a．外包头部件上的空压工艺效果：选择并双击图层缩览图，在弹出的"图层样式"对话框中勾选"斜面和浮雕"选项并把"方向"的"上"改为"下"其他参数如图8-57所示，为了加强其工艺效果可添加"内阴影"和"渐变叠加"等选项，参数如图8-58所示。

由于空压是在外包头部件上进行的，因此，它的文理质感和外包头是一样的，所以需添加"图案叠加"选项，使其纹理质感和外包头一样。具体操作如图8-59、图8-60所示。

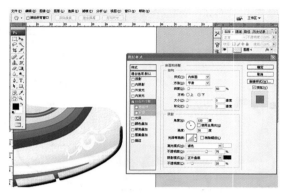

图8-57 "斜面和浮雕"

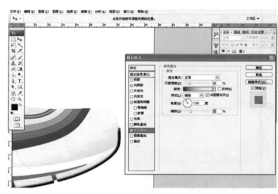

图8-58 "渐变叠加"选项

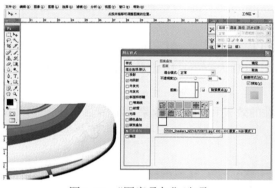

图8-59 "图案叠加"选项

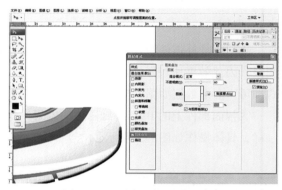

图8-60 "图案叠加"选项参数

b. 帮面部件上的高频工艺效果：高频工艺源于皮革的高频压花工艺。确切地说，它是一种加热方式，在高频电场的作用下，使材料分子间发生强烈摩擦而生热，材料内部由此不断产生热量，此时通过模具的压合作用可以在很短的时间内压出清晰的花纹图案而不会损伤材料。此工艺比热切工艺的立体效果还要好，因此目前运用很普遍。

选择并双击图层缩览图，在弹出的"图层样式"勾选"斜面和浮雕"选项，参数如图8-61所示。为加强其立体感可增加"投影"和"内阴影"选项，但参数不宜过大，为使其效果和帮面效果相一致，可添加"渐变叠加"和"图案叠加"选项，具体操作如图8-62所示。

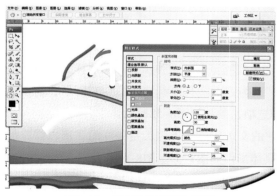

图8-61 "斜面和浮雕"选项

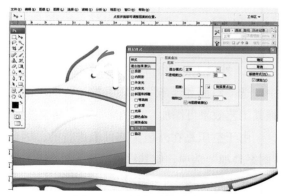

图8-62 "图案叠加"选项

c. 鞋舌部件上的印压工艺效果：选择并双击图层缩览图，在弹出的"图层样式"勾选"斜面和浮雕"选项，具体操作如图8-63所示。为加强其工艺效果，可添加"内阴影"或"投影"选项，参数如图8-64所示。

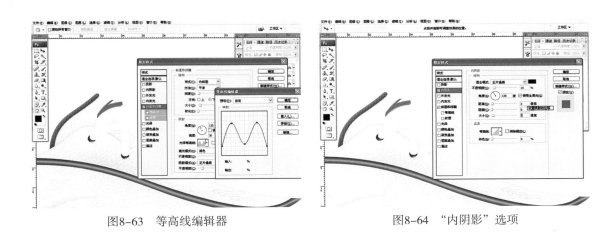

図8-63　等高线编辑器　　　　　　　　　図8-64　"内阴影"选项

（3）鞋带的效果制作

①由于是属于棉麻织物类的，因此应该侧重表现他的质感，主要是运用"斜面和浮雕"选项，具体操作如图8-65、图8-66所示。

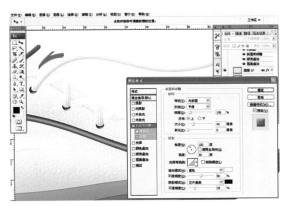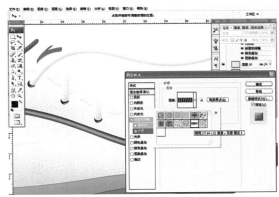

図8-65　"斜面和浮雕"选项　　　　　　図8-66　"纹理"选项

②为加强其立体感可以添加"投影"和"内阴影"选项，但参数设置不宜过高。另一条鞋带只需复制效果即可，还有鞋舌内里的效果和鞋带的效果是一样的，因此也只需复制效果即可。鞋带尾部的透明PVC的效果主要运用了"斜面和浮雕""渐变叠加"和"内阴影"的等选项，如图8-67、图8-68所示。

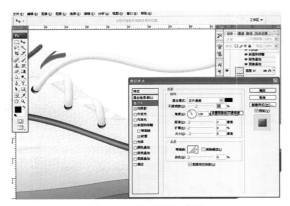

图8-67 "投影"选项

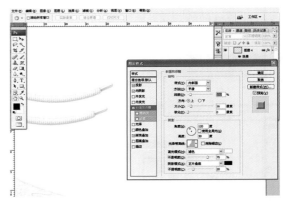

图8-68 PVC 的效果

（4）鞋眼的效果

选择并双击鞋眼图层缩览图，在弹出的
"图层样式"对话框中选择"斜面和浮雕"选
项，并将方向改为"下"，将其他参数设置好
之后按"好"即可，如图8-69所示。

（5）做车线的效果

①对车线路径进行描边：在图层面板的
最上层新建两个图层（22、23），选择"画笔"
工具并将其直径改为2个像素大小，然后在路
径面板中选择车线路径，具体操作如图8-70、
图8-71所示。

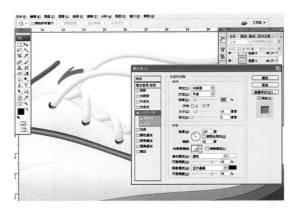

图8-69 "斜面和浮雕"选项

图8-70 设置画笔工具

图8-71 选择车线路径

②选择图层22，将前景色设置为白色。然后选择路径工具并在画面上单击鼠标右键，在弹
出的下拉菜单中选择"描边路径"选项，之后在弹出的"描边路径"对话框中的工具栏里选择

画笔工具，最后点击"好"即可，如图8-72、图8-73所示。

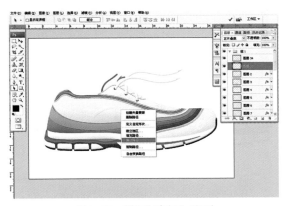

图8-72　"描边路径"选项

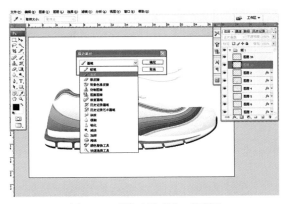

图8-73　"描边路径"对话框

③车线的针孔：选择图层23并将前景色设置为黑色，再次选择画笔工具并将其直径改为3个像素，然后在右上角处选择"画笔"，在弹出的"画笔预设"对话框中选择"画笔笔尖形状"选项，之后将其对话框中的"间距"设置在"480~720"（因分辨率不同而不同）。接着再一次选择路径工具，单击鼠标右键进行描边即可，如图8-74、图8-75所示。

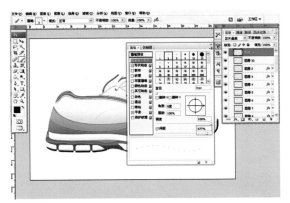

图8-74　设置画笔工具

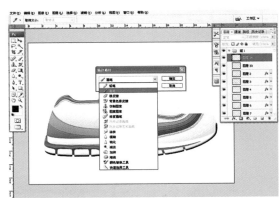

图8-75　"描边路径"对话框

④回到路径面板并点击其空白处取消画面上的路径后，即可看到做完的车线了。但看起来并不是很清晰，这是因为车线和针孔相互叠加所造成的。可以按住 Ctrl，用鼠标单击针孔图层，使针孔图层产生选区，然后选择车线图层并按下 Delete 键，就可以看到清晰的车线效果了，如图8-76、图8-77所示。

⑤做立体效果：具体操作如图8-78所示。效果做完之后把其图层混合模式改为"正片叠底"，这样可使车线颜色和不同部件的颜色保持一致，如图8-79所示。

这样整只鞋子的效果就做完了，总体效果如图8-80所示。

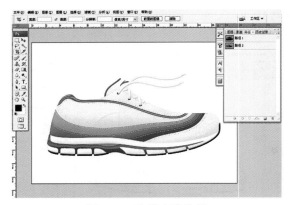

图8-76　取消车线路径

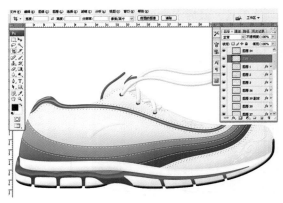

图8-77　制作车线效果

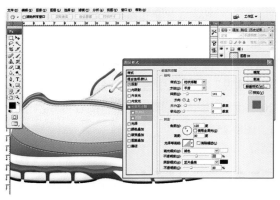

图8-78　"斜面和浮雕"选项

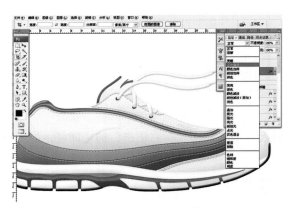

图8-79　"正片叠底"模式

图8-80　总体效果

（6）鞋子背景效果的制作

①按 D 键将拾色器恢复到默认背景色，选择背景图层，然后选择渐变工具并在背景拉出黑白渐变。如图8-81所示；新建一个图层置于背景层之上。选择椭圆选框工具并在画面上拉出一个椭圆，如图8-82所示。

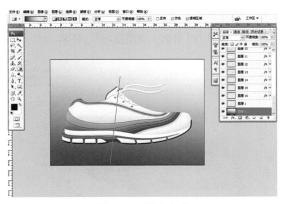

图8-81　渐变命令

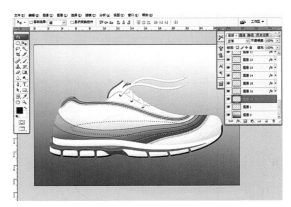

图8-82　新建图层

②按 Ctrl+Alt+D 对椭圆进行羽化，羽化半径为50~100像素，然后填充前景色，并按 Ctrl+D 去掉选区。如图8-83、图8-84所示。

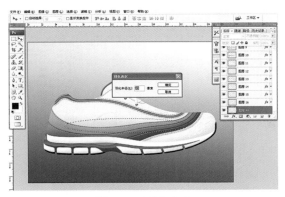

图8-83　羽化命令

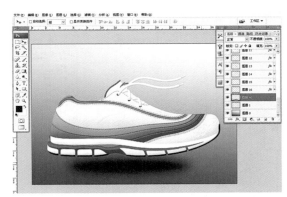

图8-84　填充前景色

③按 Ctrl+T 对图层24进行变换，变换好之后按 Enter 即可，如图8-85所示；接着将鞋子的所有部件图层链接起来（仅鞋子部件），如图8-86所示。

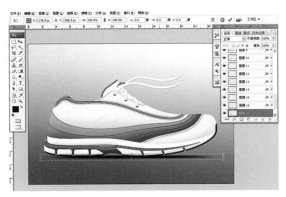

图8-85　变换命令

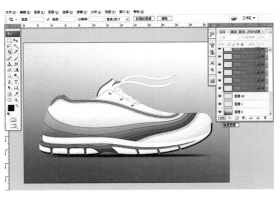

图8-86　链接图层

④接着点击图层面板右上角的小三角形，在弹出的下拉菜单中选择"从图层新建组……"选项，之后会弹出"从图层新建组"对话框，在对话中可以给图层组命名，如图8-87、图8-88所示。

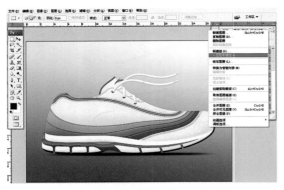
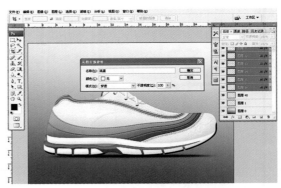

图8-87 "从图层新建组……"命令　　　　　　图8-88 "从图层新建组"对话框

⑤复制新建的图层组"流星"并将其合并，然后将合并完的图层组移到"流星"图层组的下方，接着按 Ctrl+T 对图层进行垂直翻转变换，如图8-89、图8-90所示。

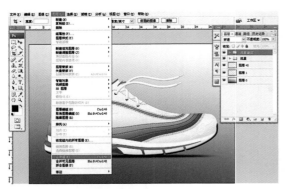
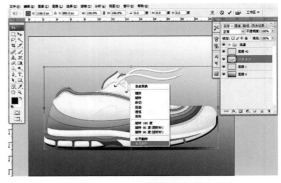

图8-89 复制图层组　　　　　　　　　　　图8-90 垂直翻转变换

⑥变换完之后将其移到鞋子的下方，使两只鞋子相对称，如图8-91所示；但作为投影来说它显得太亮了，因此我们将其不透明度改为"60"并将图层混合模式改为"叠加"，如图8-92所示。这样跑鞋的效果图就制作完毕了。

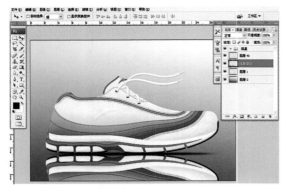
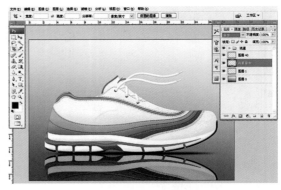

图8-91 移动图层　　　　　　　　　　　　图8-92 更改图层不透明度

8.1.5 跑鞋色彩的系列设计

一般情况下，一款鞋子会有好几个颜色，多的有十几个颜色。这也就是色彩的系列化。那么，怎样使这款跑鞋的色彩系列化呢？具体步骤如下：

①复制"流星"图层组，复制完后关掉"流星"图层组和"流星副本"图层（避免干扰）。再将拾色器的前景色改为你想要的颜色，然后在复制的图层组"流星副本2"中选择所要更改颜色的图层，在需要更改颜色的图层上单击鼠标右键，在弹出的下拉菜单中选中该图层，具体操作如图8-93、图8-94所示。

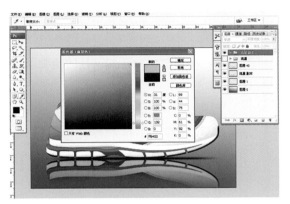

图8-93　设置前景色

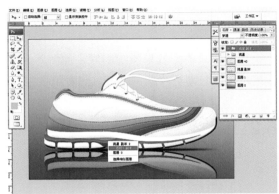

图8-94　选择图层

②选择完之后，只需填充前景色或填充背景色，填充你想要的颜色。其他部件颜色的更改方法一样，因此只需重复以上操作即可，如图8-95、图8-96所示。

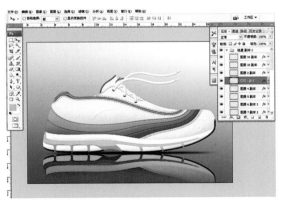

图8-95　填充前景色或背景色

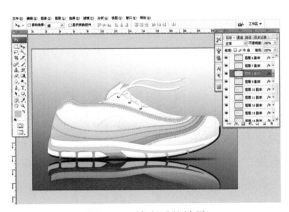

图8-96　填充后的效果

③投影的制作方法和上一节所讲的投影制作方法一样，效果如图8-97、图8-98所示；其他配色方案的制作方法同上。

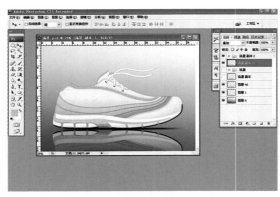

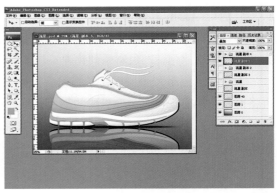

图8-97　最终效果图（一）　　　　　　　图8-98　最终效果图（二）

　　其实，只要把效果图绘制好，理解跑鞋的色彩搭配知识。接下来色彩系列设计的步骤就比较简单了，只需更改颜色即可，此时跑鞋色彩的系列设计就完成了。

8.2　篮球鞋设计与配色

8.2.1　篮球鞋设计及本例说明

（1）篮球鞋的特点

　　篮球运动对抗激烈，不断地起动、急停、起跳，横向左右运动、垂直跳跃的动作较多。一双篮球鞋，必须具有很好的耐久性、支撑性、稳定性、曲挠性和良好的减震效果。时下的篮球鞋已不仅是打篮球时使用，篮球鞋已走在运动时装化的前端，所以更加注重款式格调，在功能性方面也是集顶级装备于一身。款式一般为高帮及半高帮，能有效保护脚踝，避免运动伤害，运动及平时穿着均可体现超群的风采。

　　①鞋面：材质以加厚的柔软牛皮或同等物性的PU（聚氨酯）革、超纤革为主，使其坚固、柔韧，有效承受冲击（耐久性）并令穿着舒适，部分款辅以小面积网布，以适应运动时尚对此类鞋的要求。

　　②中底：一般采用具有吸震、稳定、轻质、柔软的优质EVA（乙烯－醋酸乙烯共聚物）、MD（醛聚酯氨基合成橡胶）或PU材料，部分鞋款选用专用气垫，以承受运动时身体重力对足部达人体自重3倍的冲击力（跳跃下落时可高达7~10倍），提高减震效果的同时还可减轻运动鞋重量，减少体能消耗。MD或PU中底采用双密度结构设计，内侧和脚跟部位较硬可有效矫正脚部翻转，有效提高运动时的稳定性，避免运动伤害。

　　③专业气垫：在受压时收缩，内含气体吸收外来的震动和冲击压力，然后很快复原，提供良好减震效果，并将冲击力转换为推动力（能量回归），有效提高运动效率。

　　④TPU：内侧和脚弓等部位安装用高密度材料和TPU（热塑性聚氨酯弹性体橡胶）材料承托盘制成的扭转系统以阻止运动时人脚向内过分翻转，避免运动扭伤。并使脚掌和脚跟配合地面情况自然扭转，提高运动时的稳定性和控制力，该系统同时增强中底强度有效分解脚弓压力。良好的弹性配合中底片，提供更强大的支撑效果。

⑤大底：采用高碳素耐磨橡胶，纹理通常为人字形、波浪形等，提高运动时的摩擦力，后跟较扁平（也有两瓣式设计），可有效稳定双脚，宽大的前掌带有深弯凹槽（与中底弯曲槽共同增强曲挠性），并增大与地面的接触面积，提高稳定效果。

⑥鞋垫：主体成分为聚氨酯，并有特殊的补强体系，抗压材质及止滑布面。加上透气孔式设计和防臭抗菌技术的应用，在提供减震、排汗、透气的同时，可消灭滋生气味。

（2）篮球鞋的比例

篮球鞋和跑鞋比例相差不大，一般情况下，鞋前头到护眼长度（A）：护眼到脚山长度（B）：脚山到后统口端点长度（C）= 2：3：3，中帮高度（D）：鞋子长度（E）= 1：2，鞋前头到脚弓长度（F）：脚弓到鞋底后端点长度（G）= 3：2，脚山和脚弓大概在同一垂线（D）上。鞋头跷度20°~25°。以上是篮球鞋的大概比例，如图8-99所示。

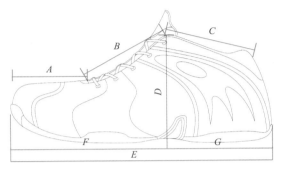

图8-99　篮球鞋的比例

（3）本例说明

作品名称：花脸

设计构思：创作灵感来自于国粹——戏剧中的脸谱。它是中国传统文化的瑰宝。脸谱作为戏剧中的亮点，它是传统文化和传统图案的经典组合。此设计借助了其优美的造型和曲线重新分割了鞋面，使脸谱融入到帮面部件中去。这样使鞋子具有深厚的传统文化的韵味和民族特色。

图8-100　最终效果图

设计规格：男鞋、法码41#。

装饰工艺：滴塑、高频、印压、包边。

材　　料：荔枝纹超级纤维、小牛皮、热塑性橡胶组合大底、MD 中底。

最终效果图如图8-100所示。

8.2.2　篮球鞋结构路径的绘制

篮球鞋结构路径的绘制和跑鞋结构路径的绘制是一样的，但也有不同的地方，篮球鞋的中帮高度比跑鞋的要高，其前头的跷度比跑鞋的要低，具体步骤如下：

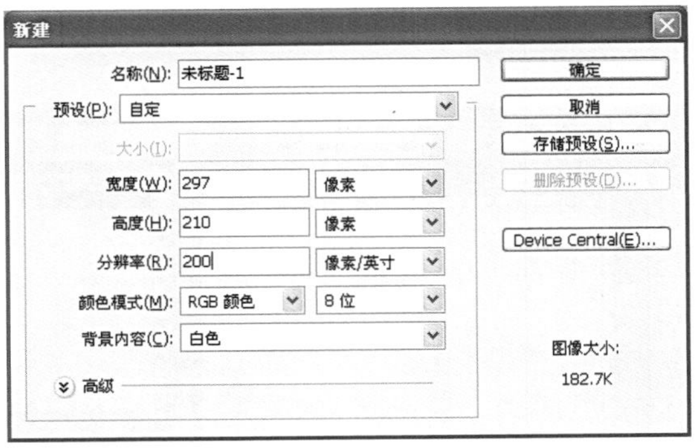

①启动 Photoshop，然后新建一个长297mm、宽210mm，分辨率在150~200的空白文件。如图8-101所示。

图8-101　新建文件

②新文件创建好之后，利用标尺和参考线拉出一个25×12.5大小的矩形，并把矩形的长分成5等分。这个框架是根据运动鞋的比例来设置的，如图8-102、图8-103所示。

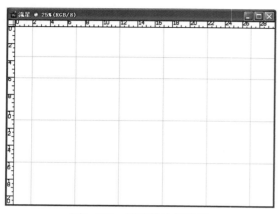

图8-102　篮球鞋比例设置

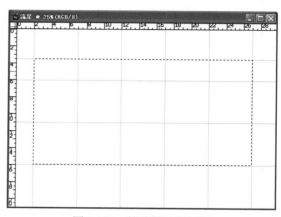

图8-103　篮球鞋比例框架

③选择钢笔工具，然后在属性栏里查看当前的钢笔工具的属性是否是路径，如果不是，选择其路径属性，然后即可作画。具体操作和要求与跑鞋的制作原理一样，如图8-104所示，就是画完的篮球鞋结构路径了。

④画完鞋子的结构路径，还要根据部件的层叠关系，画出车线的路径。如图8-105所示。然后再新建一个路径，把画好的车线路径剪切过来，如图8-106所示。这样就将篮球鞋的结构路径和车线画好了。

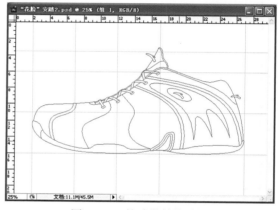

图8-104　篮球鞋结构路径

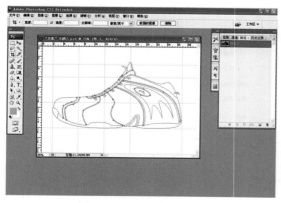

图8-105　选取车线路径

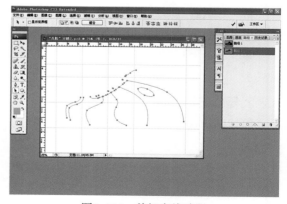

图8-106　剪切车线路径

⑤回到路径一，然后点击视图菜单，在下拉的菜单中选择清除参考线，或者按 Ctrl+；可隐藏参考线。这时候可以得到一个干净的鞋子路径画面，如图8-107所示。

8.2.3　篮球鞋的配色

配色方法与跑鞋的配色方法是一样的，步骤如下：

①选择画笔工具并将其画笔大小改为1，其他参数不变。然后选择路径一，回到图层面板新建一个图层（之后的配色中，每做一个部件都要新建一个图层，这是为了后面方便给鞋子做效果），如图8-108、图8-109所示。

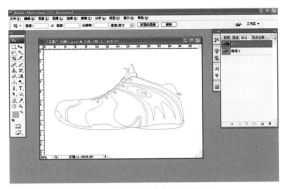

图8-107　篮球鞋路径效果

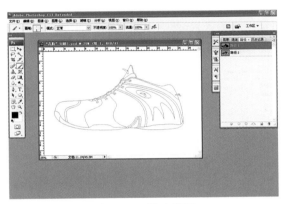

图8-108　描边设置

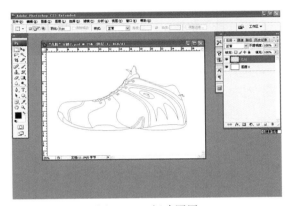

图8-109　新建图层

②选择路径工具，然后在画面中点击鼠标右键，在其弹出的对话框中选择"描边路径"选项，这时候会弹出"描边路径"对话框，在对话框的工具栏中选择画笔工具，然后点击"好"描边即可完成，如图8-110、图8-111所示。

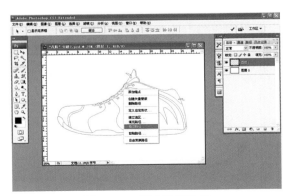

图8-110　描边路径选项

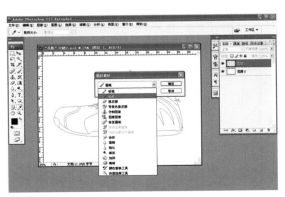

图8-111　描边路径对话框

③回到路径面板，在其空白处点击一下可退出描边路径。然后选择魔棒工具并在其属性栏里选择"添加到选区"选项。接着就可以选取所要配色的部件了。选取鞋底的大底部分，然后点击"选择"菜单，在其下拉菜单中选择"修改"选项中的"扩展"选项（也可按Alt+S+M+E），如图8-112、图8-113所示。

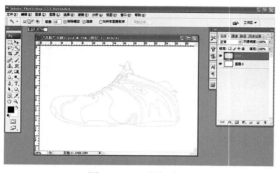

图8-112　选取选区

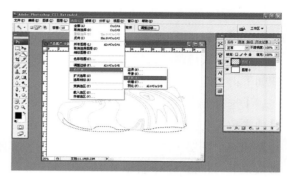

图8-113　修改选区

④选择"扩展"选项后在弹出"扩展选区"对话框中输入1，然后点击"好"即可（这是因为之前描边时用的是一个像素），接着新建一个图层，如图8-114、图8-115所示。

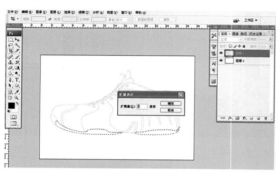

图8-114　"扩展选区"对话框

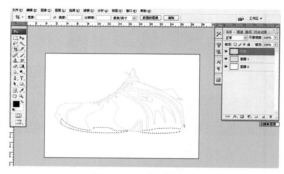

图8-115　新建图层

⑤在拾色器选择所要的颜色，按 Alt+BackSpace 填充前景色，按 Ctrl+BackSpace 填充背景色，填完色后选区还在，只需按 Ctrl+D 即可消除选区，接着就可进一步配色了。如图8-116、图8-117所示。

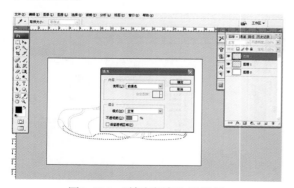

图8-116　"填充颜色"对话框

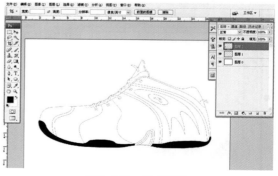

图8-117　填充颜色

⑥其他部件的配色，只要重复上述操作即可完成。如图8-118是完成所有部件配色后的大体效果。

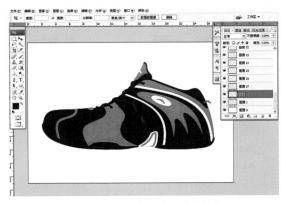

图8-118 完成配色后的效果

8.2.4 篮球鞋配色效果制作

Photoshop 在绘制鞋类效果图时基本上是通过图层样式来完成的，在上一节的跑鞋效果图的制作中已经学习了效果图的具体做法，在本节里只讲解篮球鞋的一些特殊效果的做法，而其他效果和跑鞋效果是相似的，这里就不一一讲述了。

（1）滴塑效果的制作

在这里滴塑的做法主要是应用了斜面与浮雕、内阴影以及内发光等选项，如图8-119所示，滴塑内的商标效果只要应用了斜面与浮雕、投影的选项，如图8-120所示，当然制作滴塑效果的方法各异，此方法及参数仅供参考。

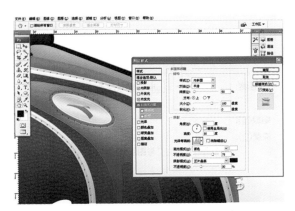

图8-119 滴塑应用的斜面与浮雕

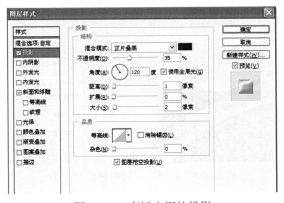

图8-120 商标应用的投影

（2）鞋头软 PU 效果的制作

该效果在制作时要表现出其光泽感与肌理，软 PU 效果的制作主要应用了斜面与浮雕、投影、内阴影、渐变叠加和图案叠加（图案要根据自己的需要进行定义，具体方法见第七章）等选项，具体参数如图8-121至图8-124所示。

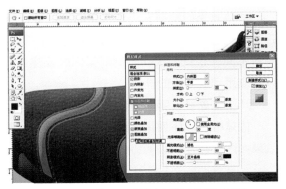

图8-121 软 PU 效果应用的斜面与浮雕

 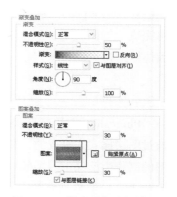

图8-122　软 PU 效果应用的投影　　图8-123　软 PU 效果应用的内阴影　　图8-124　渐变叠加和图案叠加的参数

（3）后领口帆布效果的制作

该效果主要是表现出后领口帆布的肌理效果，主要应用了斜面与浮雕、纹理等选项。具体参数如图8-125、图8-126所示。

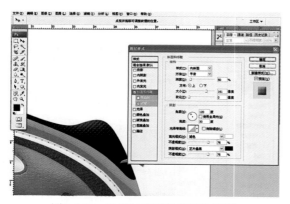 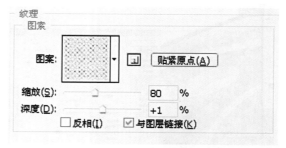

图8-125　后领口应用的斜面与浮雕　　　　　图8-126　后领口应用的纹理

（4）其他效果及最终效果

其他效果的绘制方法基本相同，这里就不再赘述，有一点要注意的是，篮球鞋是功能性较强的鞋，它所使用的材料与满跑鞋等其他鞋类所使用的材料有所不同，材料不同肌理效果也就有所不同，这就要求在绘制效果图时要注意各参数的调节，平时要多收集一些篮球鞋的材料，以便应用到篮球鞋的设计上。

（5）篮球鞋色彩序列化设计

篮球鞋色彩序列化设计的方法与跑鞋色彩序列化相同（见8.1.4），篮球鞋色彩序列化设计的效果如图8-127所示。

图8-127　篮球鞋色彩序列化设计

8.3 休闲鞋设计与配色

8.3.1 休闲鞋设计及本例说明

（1）休闲鞋的特点

休闲鞋适合行走于较平坦的路面环境，是将运动融入时尚休闲生活的运动鞋品种。材料特质与跑鞋基本无异，但款式设计简洁、明快、时尚、流行，曲线美雅，配色更加富于变化，鲜艳多姿，趋向个性张扬，随意，适合搭配各种服装。

①鞋面：通常为全天然皮革和太空革、反毛皮、牛巴革、PU 革、超细纤维材质，且皮质以柔软且具韧性的为好。这均是出于对舒适的要求，高档的休闲鞋可以搭配使用一些稀有的鳄鱼皮、鸵鸟皮、蟒蛇皮等材料。另外，少数款式有时也会大面积使用织物材料和柔软的莱卡布，但其质地也是属于强度较高且柔软、透气的，具有浓郁的休闲时尚气息。

②中底：高档休闲鞋在鞋底设计方面也是非常讲究的，因为鞋底对整双鞋舒适与否起着决定性作用；中底选用集吸震、稳定、轻质和柔软为一身的 MD 或 EVA 材料，部分选用经软化处理的 TPR 材料。

③外底：以高耐磨橡胶制成，提供良好的吸震保护，并满足结实耐磨的需要，外底花纹呈较平滑的颗粒状、块状或阶梯状，底型设计富于变化，增强美感。也有部分休闲鞋不加外底贴片直接以 PU 或 MD 做大底。

④鞋垫：同样采用了抗菌除臭处理，穿着时，不用担心脚有异味鞋垫。

⑤配色特点：平和、典雅、温暖的自然色是男休闲鞋的主要用色，咖啡色、驼色、棕色、褐色、土黄色、沙滩色、米色等颜色是休闲鞋的常用色。用这些颜色相互搭配，形成同类色配

色，能取得较好的配色效果。休闲鞋配色设计一般不使用纯度较高的冷色，用冷色与暖色为休闲鞋配色时，通常要降低冷色的纯度，以降低高纯度冷色带来的冷峻、严肃、紧张的感觉。为新潮前卫的年青人设计的休闲鞋可以用纯度较高的冷色和暖色搭配，这样可以获得强烈的色彩对比效果，从而满足青年人追求热烈、新鲜和个性表现的心理。

⑥工艺特点：休闲鞋常用的装饰工艺有冲孔、车镂空、包边、印刷、网点分化、布标、车假线、电绣等手法。装饰工艺在运用时，应注意运用装饰工艺完成的图案造型、数量、位置、色彩、质感等关系因素的创新设计，这些因素直接决定了装饰工艺运用的效果。

（2）休闲鞋的比例

休闲鞋和跑鞋比例相差不大，一般情况下，鞋前头到护眼长度（A）：护眼到脚山长度（B）：脚山到后统口端点长度（C）= 2：3：3，中帮高度（D）：鞋子长度（E）= 9：25，鞋前头到脚弓长度（F）：脚弓到鞋底后端点长度（G）= 3：2，脚山和脚弓大概在同一垂线（D）上。鞋头跷度20°~30°。以上是休闲鞋的大概比例，如图8-128所示。

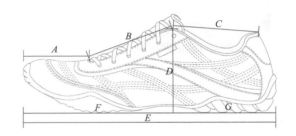

图8-128　休闲鞋的比例

（3）本例说明

作品名称：高山流水

设计构思：创作灵感来源于古筝乐曲"高山流水"，此设计将音乐的律动融入到了运动鞋设计中。在帮面设计中，运用了乐谱的流线对运动帮面进行巧妙的分割，而在鞋底的设计中则水面的波纹融入其中，使帮面与鞋底进行了完美地结合，独具韵味，充分体现了创作主题"高山流水"。

设计规格：男鞋、法码41#。

装饰工艺：印压、车假线、布标、包边。

材　　料：牛巴革、PU革、TPR+橡胶组合大底。

最终效果图如图8-129所示。

图8-129　最终效果图

8.3.2　休闲鞋结构路径的绘制

休闲鞋结构路径的绘制和跑鞋、篮球鞋结构路径的绘制是一样的，但也有不同的地方，休闲鞋的中帮高度比跑鞋、篮球鞋的要低，其前头的跷度比篮球鞋的要高，具体步骤如下：

①启动Photoshop，然后新建一个长297mm、宽210mm，分辨率在150~200的空白文件。如图8-130所示。

②新文件创建好之后，利用标尺和参考线定出休闲鞋的比例，接着就可以开始画休闲鞋的结构图了。选择钢笔工具，然后在属性栏里查看当前的钢笔工具的属性是否是路径，如果不是，

选择其路径属性，然后即可作画。具体操作和要求与跑鞋、篮球鞋的制作原理一样，如图8-131所示就是画完的休闲鞋结构路径了。

图8-130　新建文档对话框

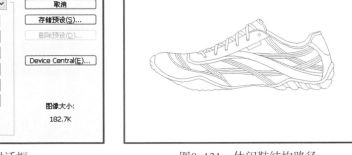

图8-131　休闲鞋结构路径

③画完鞋子的结构路径，还要根据部件的层叠关系，画出车线的路径。如图8-132所示。然后在新建一个路径，把画好的车线路径剪切过来，如图8-133所示。

这样就将休闲鞋的结构路径和车线路径画好了，接下来就可以为休闲鞋进行配色了。

图8-132　选取车线路径

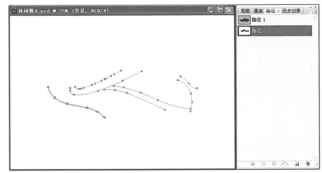

图8-133　粘贴车线路径

8.3.3　休闲鞋的配色

配色方法与跑鞋、篮球鞋的配色方法是一样的，步骤如下：

①选择画笔工具并将其画笔大小改为1，其他参数不变。然后选择路径一，回到图层面板新建一个图层（之后的配色中，每做一个部件都要新建一个图层，这是为了后面方便给鞋子做效果），接着选择路径工具，然后在画面中点击鼠标右键，在其弹出的对话框中选择"描边路径"选项，这时候会弹出描边路径对话框，在对话框的工具栏中选择画笔工具，然后点击"好"描边即可完成，如图8-134、图8-135所示。

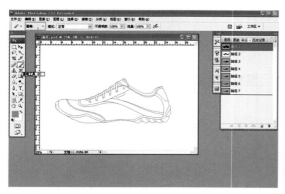

图8-134　画笔预设

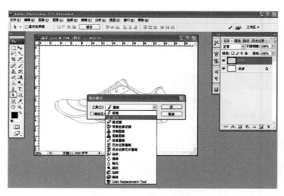

图8-135　描边路径

②描边完之后回到路径面板，在其空白处点击一下可退出描边路径。然后选择魔棒工具并在其属性栏里选择"添加到选区"选项。接着就可以选取所要配色的部件了。首先，选取鞋底的大底部分，然后点击"选择"菜单，在其下拉菜单中选择"修改"选项中的"扩展"选项（也可按 Alt+S+M+E），之后在弹出的"扩展选区"对话框中输入1，然后点击"好"即可（这是因为之前描边时用的是一个像素），接着新建一个图层，如图8-136、图8-137所示。

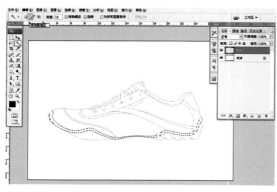

图8-136　选择选区

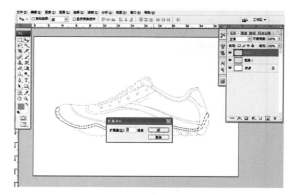

图8-137　修改选区

③在拾色器选择所要的颜色，按 Alt+BackSpace 填充前景色，按 Ctrl+BackSpace 填充背景色，填完色后选区还在，只需按 Ctrl+D 即可消除选区，接着就可进一步配色了。如图8-138、图8-139所示。

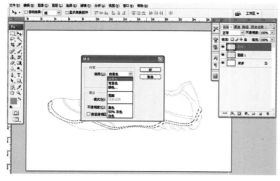

图8-138　填充颜色

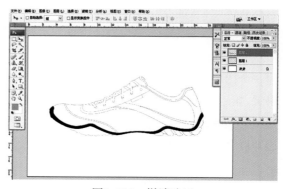

图8-139　撤消选区

④其他部件的配色，只要重复上述操作即可完成。如图8-140是完成所有部件配色后的大体效果。

图8-140　配色效果

8.3.4　休闲鞋配色效果制作

和篮球鞋、跑鞋一样，休闲鞋效果图的绘制也是通过图层样式来完成的，在前面几个章节里已经学习了篮球鞋、跑鞋效果图制作的具体方法，在这一节里我们只讲解休闲鞋的一些特殊效果的做法，而其他和篮球鞋、跑鞋效果相似的就不再一一讲述了。

（1）鞋头部件上包边效果的制作

包边是运动鞋设计中运用比较广的一种工艺，它在篮球鞋和休闲鞋设计中较常运用，在此，它的效果制作主要运用了图层样式中的斜面与浮雕、投影、渐变叠加等选项。具体参数如图8-141、图8-142所示，包边效果制作方法各异，这里所用的选项和参数仅供参考。

图8-141　包边效果运用的斜面与浮雕

图8-142　投影和渐变叠加的参数

（2）鞋舌上布标效果的制作

布标在休闲鞋和板鞋的设计中较常用到，布标效果的制作主要应用了图层样式中的斜面与浮雕、纹理、投影、内阴影、渐变叠加等选项。具体参数如图8-143、图8-144所示。

（3）帮面车假线效果的制作

车假线工艺在休闲鞋设计中最为常见，车假线效果的制作和车线的制作是一样的，主要

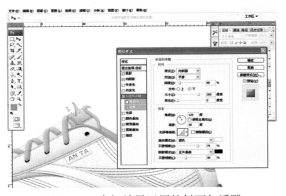

图8-143　布标效果运用的斜面与浮雕

应用了斜面与浮雕、投影等选项，但在这里有点麻烦的是车假线用的五彩线，因此，必须一条做一个颜色，制作方法和车线的制作方法相同，如图8-145、图8-146所示。

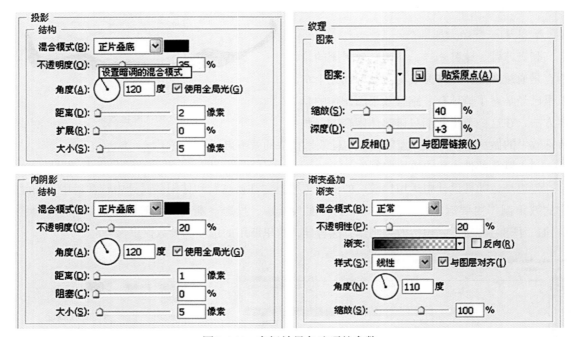

图8-144　布标效果各选项的参数

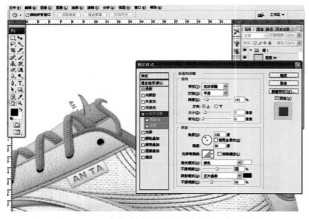

图8-145　车假线效果应用的斜面与浮雕

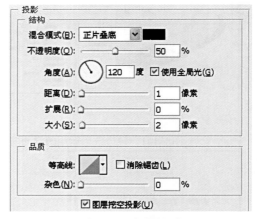

图8-146　投影选项

（4）其他效果及最终效果

其他效果的绘制方法基本相同，这里就不再赘述，休闲鞋是一种潮流性较强的鞋，它适应大多数场合，所使用的材料比较随意，与篮球鞋和跑鞋等其他鞋类所使用的材料有所不同。因此，我们在绘制效果图时要注意各参数的调节，平时要多关注休闲鞋的相关信息及材料，以便应用到休闲鞋的设计上。

（5）休闲鞋色彩序列化设计

休闲鞋色彩序列化设计的方法与跑鞋色彩序列化相同（见8.1.4），休闲鞋色彩序列化设计的效果如图8-147所示。

图8-147　休闲鞋色彩序列化设计

第九章
运动鞋装饰工艺与工程图

　　本章主要介绍运动鞋的装饰工艺和运动鞋工程图，在运动鞋上，图案、文字、标志、金属、塑料等部件均可作为装饰材料，其装饰部位较自由，装饰效果较醒目，装饰部件都以动感、时尚、鲜艳为特征。在工程图上要注意标明运动鞋的各种装饰工艺、材料、色卡等内容。

9.1　运动鞋装饰工艺效果设计及案例说明

　　运动鞋的装饰范围可以从楦头造型、帮和底部件外形、颜色搭配、材质纹理和工艺几方面入手。下面就工艺简单加以说明。

9.1.1　打饰孔

　　打饰孔常用在鞋头与侧身。属早期、也是最简单的装饰方法，可以增加装饰性和透气性，一举两得，如图9-1所示。打饰孔工艺效果的制作方法和鞋眼孔的制作方法是一样的，这里就不再赘述（具体步骤见8.1.2鞋眼孔的制作方法）。

图9-1　打饰孔装饰工艺

9.1.2　车假线

　　一般情况下车双线，以增加线的粗度，显得粗犷有力；在线条密集时，车单线较好，能增加线条的灵活性。车假线常在休闲鞋的设计中应用，如图9-2所示。其制作方法见8.3.3帮面车假线效果的制作，这里不再赘述。

图9-2　车假线装饰工艺

9.1.3　车饰片

　　此工艺是由车假线工艺演变出来的，并沿用至今。设计时须注意饰片的位置、外形以及材料质地与色彩的选择，如图9-3所示是车饰片的效果。它的制作方法和其他部件的制作方法大致是一样的。

　　车饰片的制作方法和其他部件的制作方法

图9-3　车饰片装饰工艺

大致是一样的，主要应用了斜面与浮雕、投影、内阴影、渐变叠加、图案叠加等选项，然后加上车线的制作就完成了。如图9-4至图9-7所示（参数仅供参考）。

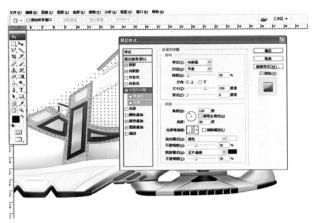

图9-4　车饰片工艺应用的斜面与浮雕

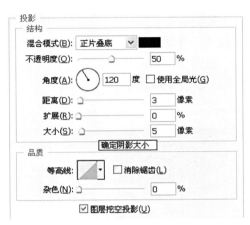

图9-5　车饰片工艺应用的投影

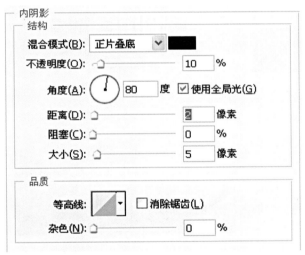

图9-6　车饰片工艺应用的内阴影

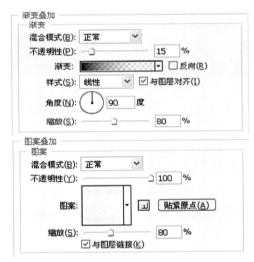

图9-7　渐变叠加、图案叠加

9.1.4　车镂空

如果把车饰片看作是阳文的浮雕，那么车镂空就是一种阴文的浮雕，两者有异曲同工之妙。如图9-8所示。

9.1.5　电绣（电脑绣花）

电绣工艺多用在鞋舌、眉片、后套、侧身等位置的商标上。电绣除了继承前几种装饰在造型、色彩、质地等方面的变化外，最突出的

图9-8　车镂空效果

是还具有光泽上的变化。由于绣花线具有自然、悦目的光泽，使得绣品格外亮丽诱人，所以能提高鞋的品位和身价。效果如图9-9所示。

电绣装饰工艺的制作方法和其他部件的制作方法大致是一样的，主要应用了斜面与浮雕、纹理、投影、内阴影、图案叠加等选项，如图9-10、图9-11所示（参数仅供参考）。

图9-9　电绣装饰工艺

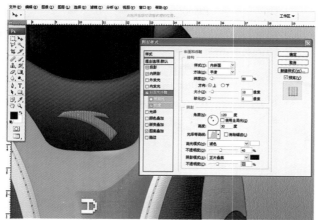

图9-10　电绣工艺应用的斜面与浮雕

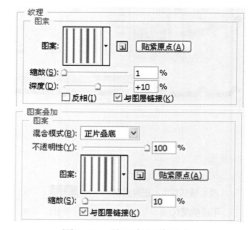

图9-11　纹理与图案叠加

9.1.6 包边

包边可使线条显出光滑、整齐、流畅的效果，不仅提高了强度，而且突出了部件的外形轮廓。包边工艺较常用在篮球鞋和休闲鞋中，如图9-12所示。它的制作方法在"8.3.3 休闲鞋效果图的制作"中已经讲过，这里不再赘述。

图9-12　包边工艺效果

上述六种装饰工艺是制鞋行业传统的加工方法，随着科技的进步，其他行业中的一些加工手段也常常被借用过来，例如印刷行业的绢印、转印，塑料行业的注射模塑、焊接，皮革行业的高频压花等。新工艺的应用，使运动鞋的外观发生了巨大的变化，同时也给运动鞋的设计带来了新理念。

9.1.7 印刷

目前运动鞋常用的印刷大多属丝网印刷。操作简

图9-13　印刷工艺效果

单、成本低廉，除了通过外形的变化，更主要的是通过色彩的变化来丰富运动鞋的品种，一种款式可以配多种颜色。如图9-13所示。

9.1.8 分化和网点分化

所谓分化，实际上是印刷行业的转印工艺。它比丝网印刷效率高、质量好，突出的优点是：一次操作中就可以用几种色彩，而且不妨碍花纹图案的清晰和光滑，特别是在表现一种朦胧的、渐变的效果时，就更胜一筹。网点分化是将在分化里的纹理图案置换成印刷行业的网点，如图9-14所示，具体步骤如下：

①选择要做网点分化效果的部件，将其转化为选区（按住 Ctrl+ 鼠标单击图层缩览图），如图9-15所示。

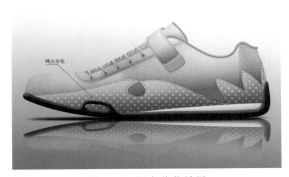

图9-14　网点分化效果

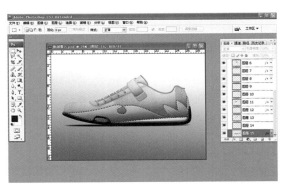

图9-15　选择部件

②点选矩形选框工具，将选区拖拉到一个新建的文件里（A4大小，分辨率300），如图9-16、图9-17所示。

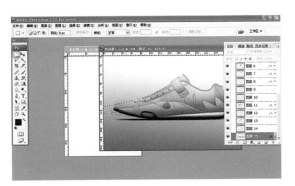

图9-16　选择矩形选框工具

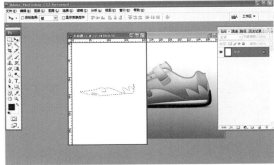

图9-17　拖拉选区

③选取一种颜色（如天空蓝等），在选区内做渐变效果（选用渐变工具），如图9-18所示。

④取消选区（Ctrl+D），然后执行"图像→模式→灰度"，系统会弹出一个对话框询问是否扔掉颜色信息，选择"好"按钮即可，如图9-19、图9-20所示。

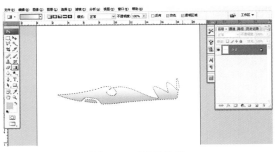

图9-18　渐变效果

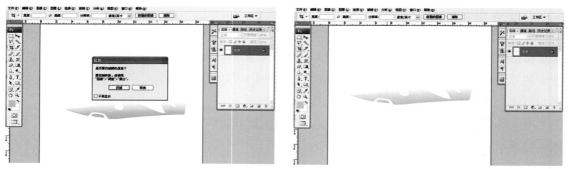

图9-19　执行灰度前　　　　　　　　　　　图9-20　执行灰度后

⑤执行"图像→模式→位图"，在弹出的对话框中"分辨率"为"输出：120像素/cm"，"方法"为"半调网屏"，然后选择"好"按钮。在弹出的"半调网屏"对话框中将"频率"值设为"3线/cm"（频率越大网点越小，反之越大），"角度"值为"45"，"形状"为"圆形"，然后点击"好"按钮即可，效果如图9-21、图9-22所示。

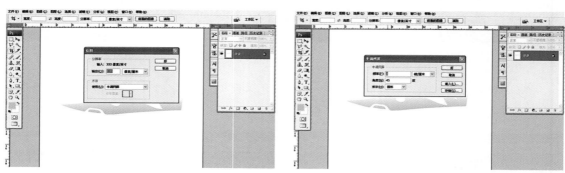

图9-21　位图对话框　　　　　　　　　　　图9-22　半调网屏对话框

⑥执行"图像→模式→灰度"，在弹出的对话框中将"大小比例"设为1，然后选择"好"按钮，如图9-23所示。

⑦执行"图像→模式→RGB颜色"，选择矩形选框工具在所制作的网点范围外建立一个矩形选区，如图9-24所示。

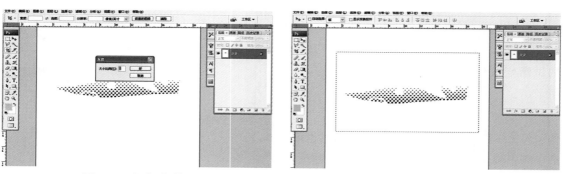

图9-23　灰度对话框　　　　　　　　　　　图9-24　建立矩形选区

⑧执行"选择→色彩范围"，在弹出的色彩范围对话框中设置"选择：阴影；选区预览：黑色杂边"，其他参数不变，然后点击"好"按钮即可，如图9-25、图9-26所示。

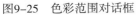

图9-25　色彩范围对话框　　　　　　　　　　　图9-26　执行色彩范围后

⑨新建一个图层填充所需要的颜色，然后用移动工具将其拖拉到效果图文件中，并移至所需图层上方，若"网点"过大或过小，可执行"编辑→自由变换"对其进行修改，如图9-27、图9-28所示。

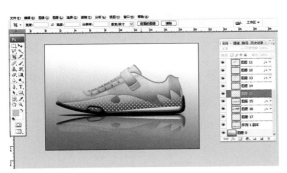
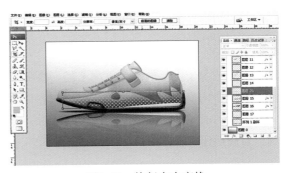

图9-27　移动网点　　　　　　　　　　　　　图9-28　执行自由变换

⑩选择调整好的网点部件，并将其转化为选区（按住 Ctrl+ 鼠标单击图层缩览图），之后选择渐变所需的颜色执行渐变操作，最后取消选区，把网点图层的图层模式设置为"叠加"即可，如图9-29、图9-30所示。

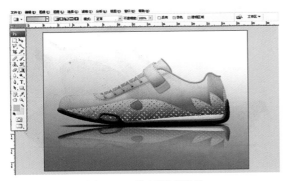
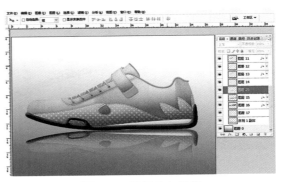

图9-29　执行渐变操作　　　　　　　　　　　图9-30　执行叠加操作

9.1.9 滴塑

滴塑部件是塑料行业中用注塑工艺加工出来的，适合运动鞋装饰的小块产品。这里的滴塑是指将滴塑部件缝合在帮面上的一种操作。常用在鞋眼、后套、鞋舌、侧身等位置，如图9-31所示。

9.1.10 热切

热切是指将热塑性材料通过加热的模具施加压力进行切割、并且"焊接"在帮部件上，同时产生彩色浮凸花纹图案的一种装饰方法。此工艺也是一种既简单又经济的装饰方法，有外形变化、色彩变化、立体变化、还有光泽变化。装饰部件明亮耀眼，比印刷的效果更生动，如图9-32所示。

图9-31　滴塑效果　　　　　　　　　　　图9-32　热切效果

9.1.11 高频

此工艺源于皮革的高频压花工艺。确切地说，高频是一种加热方式，在高频电场的作用下，使材料分子间发生强烈摩擦而生热，材料内部由此不断产生热量，此时通过模具的压合作用可以在很短的时间内压出清晰的花纹图案而不会损伤材料。此工艺比热切工艺的立体效果还要好，因此目前运用得很普遍。如图9-33所示。

9.1.12 电脑雕刻

电脑雕刻是时下较新的一种运动鞋装饰工艺，它是随着现代科技的进步而产生的，是图案通过电脑和激光雕刻机的相互作用而实现的。但是它的成本较高，因此，在应用此工艺时要考虑运动鞋的档次与成本，它的制作方法与车线的制作方法是一样的，只不过它不用做针孔而已，如图9-34所示。

图9-33　高频效果　　　　　　　　　　　图9-34　电脑雕刻效果

9.2　运动鞋工程图

广义的理解，工程图是用各种线型和图形组成的象形"文字"，只是这种"文字"的笔画不是横、竖、撇、捺，而是直线、曲线。对工程图而言，它所表现的对象是属于制鞋行业的事物，所以称为工程图，但在工厂通常称作"制作单"，因此以下称制作单。

9.2.1　运动鞋制作单的绘制

运动鞋制作单的绘制比较复杂、内容比较多、比较烦琐，因此在绘制的时候要细心，以免漏掉细节内容。下面我们就来讲解一下具体步骤。

（1）新建文档格式

新建一个 A4大小的文档，分辨率为300，然后用钢笔工具和矩形工具绘制如图9–35所示的样式，然后进行描边。

（2）输入效果图和项目信息

将作完的运动鞋效果图拖拉到新建的文档格式里，然后在文档格式下方的项目栏里输入相关的信息，如图9–36所示。

（3）工艺说明

用箭头标明各部件的材料名称和颜色，并将重要部件或工艺进行展示说明，如图9–37所示。

（4）输入鞋底

将与帮面相搭配的鞋底输入到制作单的相关位置上，之后再标明鞋底的相关信息，这样运动鞋制作单就绘制完了，如图9–38所示。

9.2.2　运动鞋制作单展示

目前，制鞋行业的制作单没有统一的行业标准，因此各鞋业公司制作单的格式差别比较大，下面是几个鞋业公司的制作单。

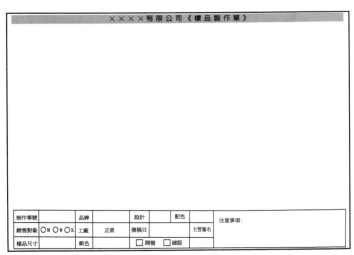

图9–35　新建文档格式

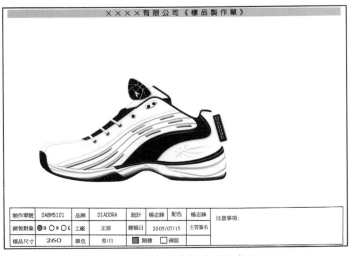

图9–36　输入效果图和项目信息

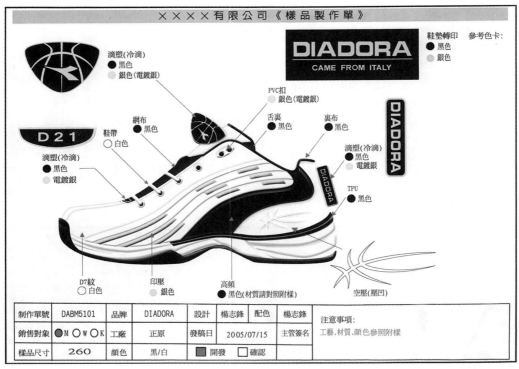

图9-37　工艺说明

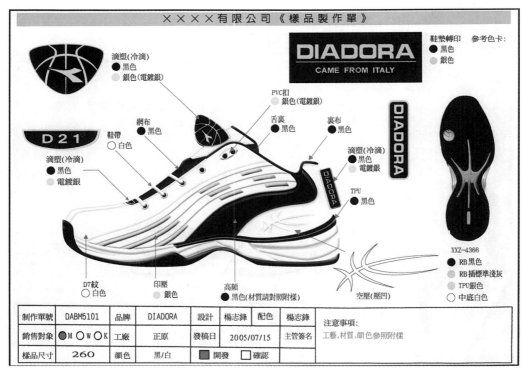

图9-38　绘制完的制作单

（1）鞋样制作单展示（图9-39至图9-47）

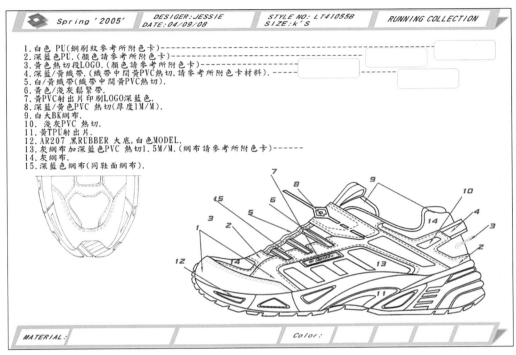

图9-39 制作单1

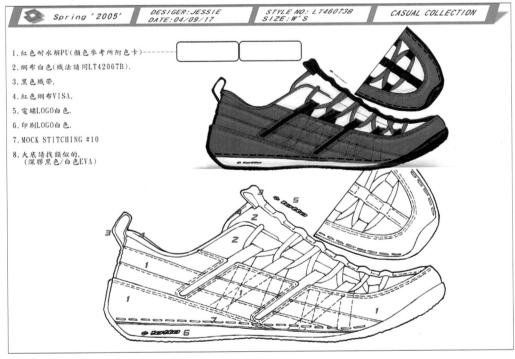

图9-40 制作单2

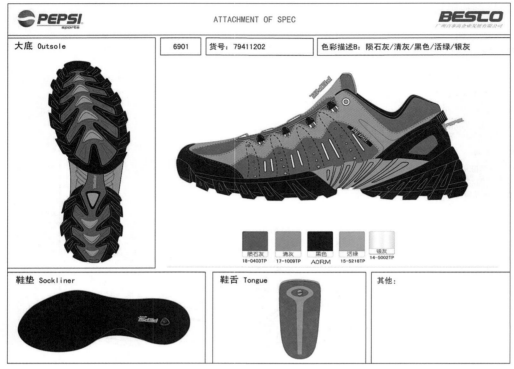

图9-41　制作单3

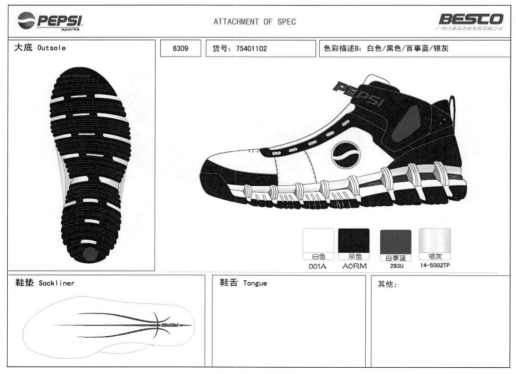

图9-42　制作单4

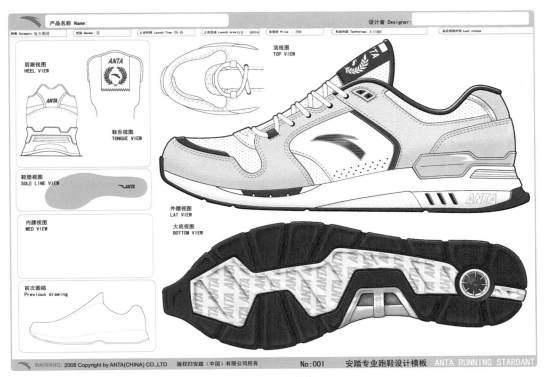

图9-43　制作单5

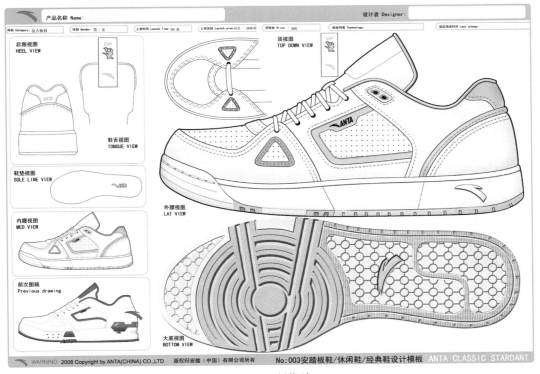

图9-44　制作单6

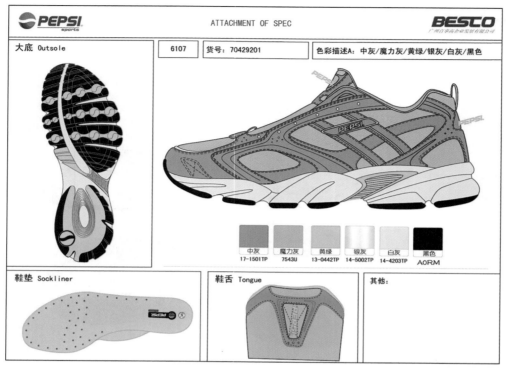

图9-45　制作单7

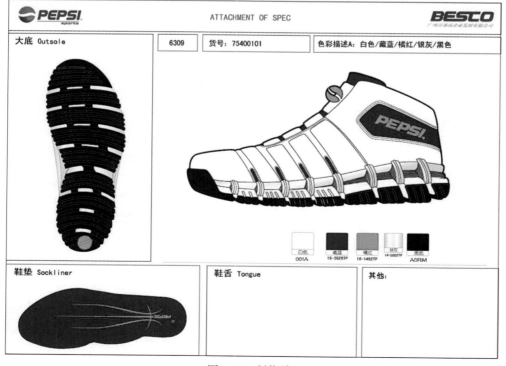

图9-46　制作单8

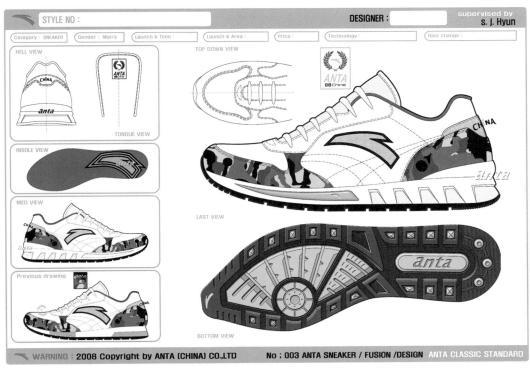

图9-47　制作单9

（2）鞋底制作单展示（图9-48至图9-50）

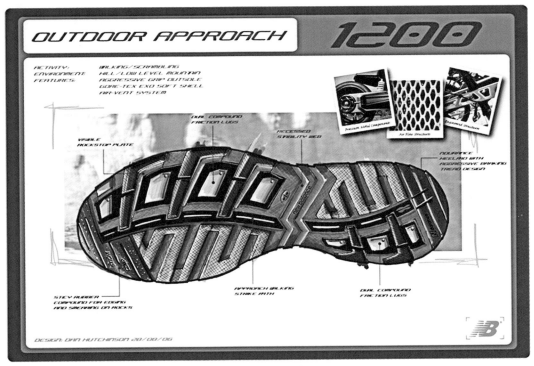

图9-48　制作单10

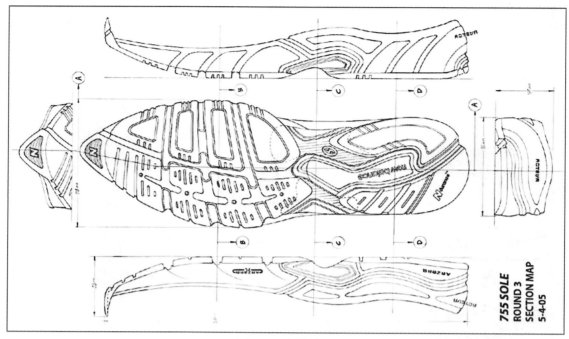

图9-49　制作单11

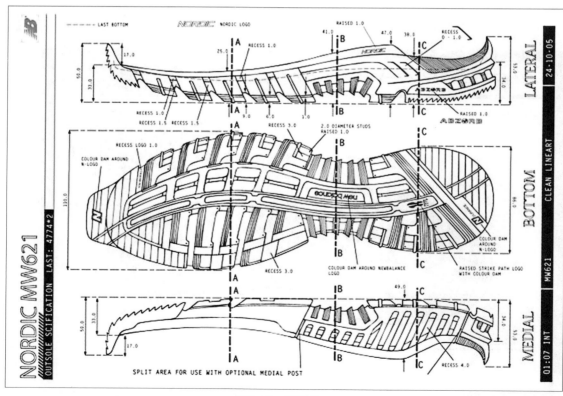

图9-50　制作单12

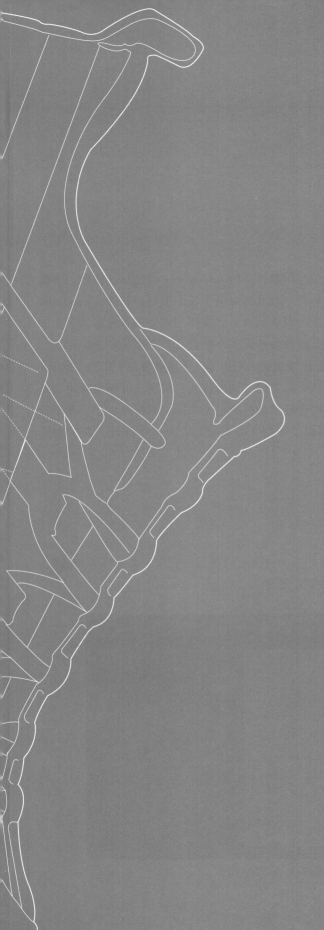

第二部分
——————
Illustrator
辅助设计

第十章

界面介绍、视图控制与文件操作

10.1 关于 Illustrator

10.1.1 Illustrator 概述

Illustrator 是美国 Adobe 公司推出的专业矢量绘图软件。Illustrator 是一种应用于出版、多媒体和在线图像的工业标准矢量图形处理软件，作为一款非常好的矢量图形处理软件，Illustrator 广泛应用于印刷出版、产品设计、海报书籍排版、专业插画、多媒体图像处理和互联网页面的制作等，也可以为线稿提供较高的精度和控制，适合生产任何小型设计到大型的复杂项目。其版本不断更新、功能不断增强给矢量绘图处理工作带来的无穷乐趣，使该软件用户群日益壮大。为美术设计人员提供了无限的创意空间，可以从一个空白的画面或从一幅现成的图像开始，通过各种矢量绘图工具的配合使用，可在矢量图形中任意调整颜色、明度、彩度、对比、甚至轮廓及图形；通过各种特殊滤镜的处理，为作品增添变幻无穷的魅力。是从事设计人员的首选工具。

10.2 Illustrator 界面组成与基本操作

10.1.2 安装并运行 Illustrator

安装好 Illustrator 中文版并运行后，会出现如图10-1所示的界面，它包含菜单栏、工具箱、属性栏、标题栏、视图控制区、浮动功能调板等几个部分。

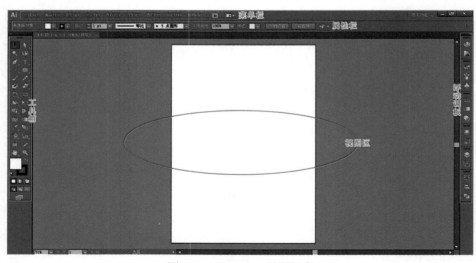

图10-1　Illustrator 界面组成

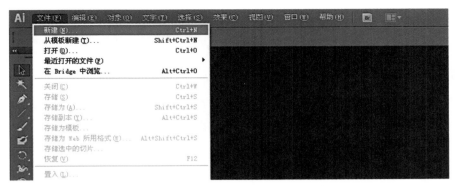

图10-2 菜单栏及"文件"下拉菜单

10.2.2 菜单栏

菜单栏包含执行任务的菜单。这些菜单是按主题进行组织的。例如："文件"菜单中包含的是用于执行 Illustrator 的各种命令的，如图10-2所示。

10.2.3 工具箱

工具箱位于窗口的左侧，各工具的名称如图10-3所示。需要使用工具箱中的工具，只要用鼠标单击该工具图标即可激活该工具。当鼠标停留在工具图表上时，鼠标下方会出现该工具的名称的提示。而工具图标右下方有一个黑色三角形符号的，则表示这是一个工具组，点击该工具图标（或单击鼠标右键），将弹出隐藏的工具；在弹出的工具选项中可以选择该组中不同的工具，也可以按住 Alt 键，然后用鼠标单击工具图标切换工具组中不同的工具。

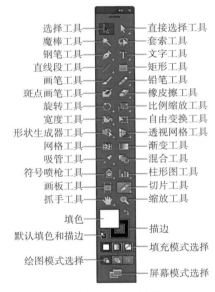

图10-3 工具箱

10.2.4 调板

在 Illustrator 中，调板的使用方法非常灵活，既可以根据个人喜好任意组合，也可以将他们分开，显示或隐藏。调板的基本组成元素如图10-4所示。

（1）显示或隐藏调板

在"窗口"菜单中，单击调板名称可显示或隐藏，如图10-5所示。

（2）群组调板

经常需要使用的调板，可以将其群组在一起，

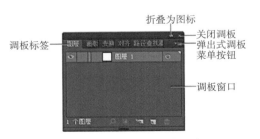

图10-4 调板的基本组成元素

图10-5 "窗口"菜单中的选项

图10-6 设置调板

这样既可以节省屏幕空间，又可以方便调出所需要的调板。群组后的调板只要单击标签，就可以在不同的调板之间切换，而且这些调板可以一起被打开、关闭或最小化。

（3）设置调板

每一块调板都有其不同的用途，用户可以分别设置调板的各项属性。单击调板右上角的三角形按钮，在弹出的下拉菜单中可以选择所需的各项操作，如图10-6所示。

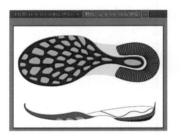

图10-7 关闭文件窗口

10.2.5 文件窗口操作

如图10-7所示，单击标题栏上方的"叉形"符号的按钮，可以对已打开的窗口进行关闭操作。在 Illustrator 中有三种不同的屏幕显示模式：正常屏幕模式、带有菜单栏的全屏模式以及全屏模式，三种模式可以相互切换。点击工具箱底部"更改屏幕模式"按钮右下角的三角图标，然后在弹出的下拉菜单中选择所要的屏幕显示模式，也可以按快捷键"F"进行切换。如图10-8所示。

图10-8 切换屏幕显示模式

10.2.6 图像显示控制

在 Illustrator 中，用户可以根据需要改变图像的缩放比例来控制图像的显示大小。使用"视图"菜单、缩放工具或导航器调板等都可以控制图像的缩放比例。

（1）使用"视图"菜单缩放

单击"视图"菜单，在视图缩放命令组中选择所需的命令项，如图10-9所示。

图10-9 使用"视图"菜单缩放

（2）使用缩放工具缩放

① 单击工具箱中的缩放工具，如图10-10所示。

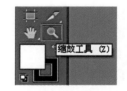

图10-10 使用"缩放工具"缩放

② 在图像上单击，进行缩放操作；也可以按快捷键 Ctrl++ 或 Ctrl+− 进行缩放。

10.2.7 标尺、参考线与网格

在设计鞋样时，可以使用标尺、参考线及网格等来精确定位鞋样的尺寸，这些工具能给设计师带来很大的方便。

（1）显示或隐藏标尺

执行"视图"→"标尺"命令，或者按 Ctrl+R，可以显示或隐藏标尺。标尺出现在图像窗口的上边缘和左边缘，如图10-11所示。

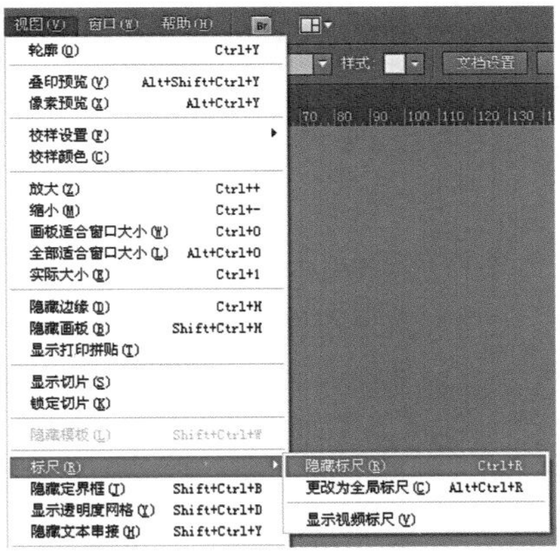

图10-11　显示或隐藏标尺

（2）显示或隐藏参考线和网格

选择移动工具，将鼠标移动到水平方向的标尺上点击并拖动，就可拉出水平方向的参考线；同样的方法可以拉出垂直方向的参考线，如图10-12所示。

要显示或隐藏参考线，可执行"视图"→"显示"→"参考线"命令，或者按 Ctrl+；。

要显示或隐藏网格，可执行"视图"→"显示"→"参考线"命令，或者按 Ctrl+"，网格显示如图10-13所示。

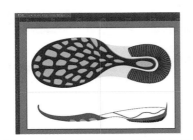

图10-12　水平参考线与垂直参考线

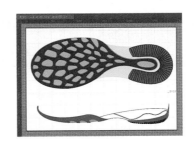

图10-13　显示网格

10.2.8 选取颜色

颜色的选取在绘制鞋样效果图中是很关键的一步，使用绘图工具绘制鞋样时，一般要先设置好绘图的颜色，然后才能顺利地绘制出用户想要的效果。在 Illustrator 中颜色的选取可通过填色、描边、拾色器、吸管工具、颜色和颜色参考调板等来选取和管理颜色。

（1）填色和描边

各种工具绘制图像的颜色是由工具箱中的"填色"决定的，而边框的颜色则是由"描边"决定的，填色和描边位于工具箱下方的颜色选取框中，如图10-14所示。

首次进入 Illustrator 时，填色和描边一般为默认的白色和黑色，单击图10-14右上角的双向箭头可以切换填色和描

图10-14　填色和描边

边。而单击左下角的默认填色和描边图标，则会返回默认值。填色和描边的调配也可通过"拾色器"对话框来实现。

（2）使用"拾色器"对话框来选取颜色

单击工具箱中的填色和描边图标，即可打开"拾色器"对话框，如图10-15所示。然后在"拾色器"对话框中使用鼠标单击"色域"或拖移"颜色滑杆"来选择颜色

（3）使用吸管工具选取颜色

使用吸管工具可以通过在图像中取样来改变前景色或背景色。操作方法如下：

①单击吸管工具。

②在图像中单击选中所需的颜色，该颜色被定义为前景色，如图10-16所示。

③按下 Alt 键，在图像中单击选中所需的颜色，该颜色被定义为背景色。

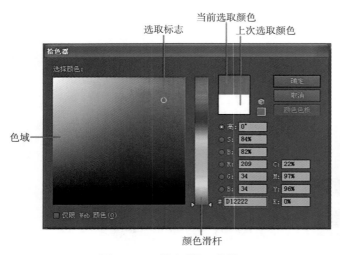

图10-15 "拾色器"对话框

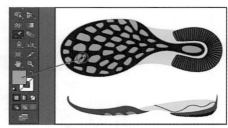

图10-16 使用吸管工具选取颜色

10.3 文件操作

10.3.1 创建新图像文件

要在 Illustrator 中创建一个新的图像文件，可执行"文件"→"新建"命令，在弹出的对话框中设置新文件的参数。新文件的对话框如图10-17所示，对话框中的各参数的含义如下。

（1）名称

用户可以根据自己需要输入文件名，若没有输入文件名，则默认为"未标题-1"，若新建多个文件，则默认的文件

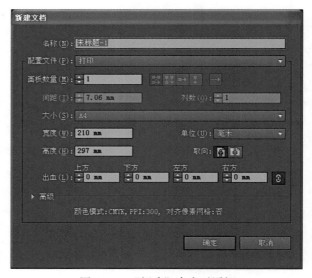

图10-17 "新建"命令对话框

名会按：未标题 –1、未标题 –2……依次排序。当然，用户也可以在保存文件时再为新文件命名。

（2）配置文件

可根据自己需要点击后方的倒三角按钮，在其弹出的下拉菜单中选择各种模式。如无特殊需求直接默认"打印"模式即可。

（3）画板数量

可根据自己需要选择创建多个画板，当选择超过一个画板时就可调节画板之间的间距，并可设置其列数。

（4）大小

显示新建文件的文档大小，点击后方的倒三角按钮可在其下拉菜单中选择各种规格的文档大小；也可在其下方的宽度和高度选项中输入自己想要的文档大小。

（5）出血

此选项主要用来控制文档打印时四周所留空白的大小，用户可根据自己需求来控制其规格大小。

10.3.2 打开文件

打开文件的操作步骤如下：

①选择"文件"→"打开"命令，弹出如图10–18所示的对话框。

②可在"查找范围"栏中选择图像文件所在的驱动器或文件夹，寻找所需文件的位置。

③在文件类型下拉菜单中选择要打开文件的格式。若选取某一种文件格式，则只会显示按此格式存储的文件，若要显示所有文件，可选择"所有格式"。在查找文件时，可以单击"打开"对话框中的"查看"菜单，选择"缩略图"方式（图10–18），图像文件将以缩小的画面显示（图10–19）。

④在文件列表中选择需要打开的文件，单击"打开"按钮即可。当然，也可以通过双击图像文件来打开文件，如图10–20所示。

图10–18　"打开"命令对话框

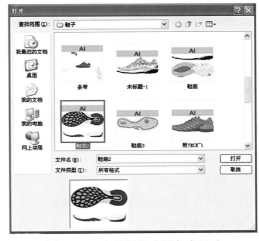

图10–19　文件以缩略图方式显示

图10–20　打开文件

10.3.3 打开最近处理的文件

默认情况下 Illustrator 能记录最近10次打开过的图像文件，此功能使你以最快捷的方式打开近期处理过的文件。只要执行"文件"→"最近打开文件"命令，在弹出的菜单中选择近期打开过的文件，如图10-21所示。

10.3.4 关闭鞋样文件

关闭当前使用的文件，其步骤如下：

①执行"文件"→"关闭"命令。

②如果文件进行过编辑但没有存储，就会弹出如图10-22所示的对话框，询问是否进行存储。选择"是"按钮，就会被存储，选择"否"按钮，文件就会维持上一次存储的状态，选择"取消"按钮，文件就不会被关闭，而维持当前状态。

10.3.5 存储文件

①执行"文件"→"存储"命令，即可保存图像文件了。如果是对原有的磁盘文件进行修改后再次保存，执行该命令会将原有文件覆盖掉；如果是新创建的文件（第一次保存），则会弹出"存储为"对话框，如图10-23所示。

②在文件名栏中输入文件名，在格式下拉菜单中选择文件保持的类型，最后单击"保存"按钮即可保存文件。

10.3.6 另存文件

如果打开一个图像文件，对其进行编辑处理后，需要保存最新结果或改变文件的存储格式，但又想保留原图像文件，这时可以将最新结果另存为原图像文件的一个副本。

执行"文件"→"存储为"，会弹出"存储为"对话框，如图10-23所示。可在对话框中输入副本的文件名，设置"存储选项"，单击"保存"按钮即可。

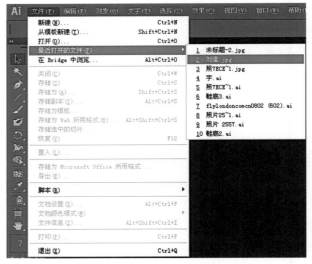

图10-21　打开最近处理的文件

图10-22　关闭文件对话框

图10-23　"存储为"对话框

10.3.7 存储为 Web 格式文件

Web 格式的文件主要供网页编辑使用。图像文件编辑完成后，在 Photoshop 主要界面中执行"文件"→"存储为 Web 格式"命令，将弹出如图10-24所示的对话框。

在此对话框中，左侧是工具箱，有抓手工具、切片工具及缩放工具等，用户可以使用这些工具在预览图像区对 Web 图像进行选择切片等操作；中间用户可以预览到1幅和2幅优化图像的信息；在右面选项组中，可以设置优化方案、文件格式、透明度及背景融合等参数，在右下方的颜色表和图像大小选项卡中，还可以设置 Web 图像的颜色表和图像尺寸。

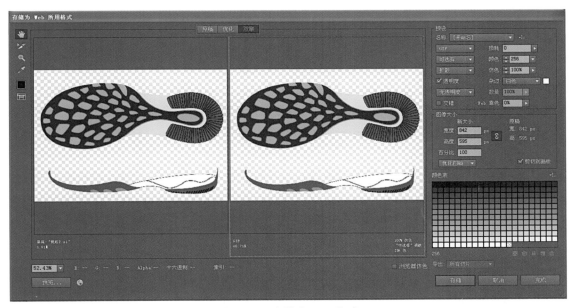

图10-24 存储为 Web 格式

10.3.8 鞋样文件打印与输出

执行"文件"→"打印预览"命令，弹出的对话框如图10-25所示，可以先设置图像在纸张中的位置，打印尺寸等参数，在确认连接打印机的情况下单击"打印按钮"即可开始打印图像了。

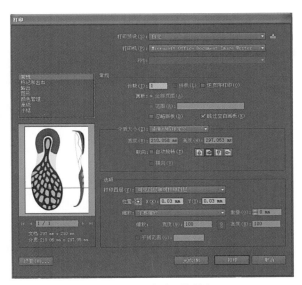

图10-25 打印对话框

第十一章————
图形创建与编辑

11.1 复合路径、复合形状和路径查找器

11.1.1 复合路径

　　复合路径的作用主要是把一个以上的路径图形组合在一起，它与一般路径图形最大的差别，使用此命令可以产生镂空效果。

　　在创建复合路径之前，最好先确认这些路径不是复合路径或者已组合为一体的路径图形。如果使用复杂的形状作为复合路径或者在一个文件中使用几个复合路径，在输出这些文件时，可能会产生某些问题。如果碰到这个情况，可将复杂形状简单化或者减少复合路径的使用数量。

　　（1）使用复合路径在对象中开出一个孔洞

　　如图11-1、图11-2所示。

　　①选择要做孔洞的对象，然后将其放置在与要剪切的对象相重叠的位置。对任何要用做孔洞的其他对象重复此步骤。

　　②选择要包含在复合路径中的所有对象。

　　③选择"对象 > 复合路径 > 建立"命令。

　　（2）将填充规则应用于复合路径

　　用户可以指定复合路径是非零缠绕路径还是奇偶路径。

　　非零缠绕路径填充规则使用数学方程来确定点是在形状外部还是内部，Illustrator 将非零缠绕规则用作默认规则。

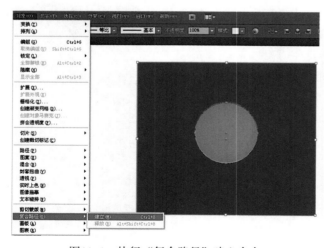

图11-1　执行"复合路径"建立命令

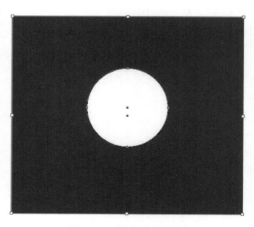

图11-2　复合路径效果

奇偶填充规则使用数学方程来确定点是在形状外部还是内部。此规则的可预测性更高，因为无论路径是什么方向，奇偶复合路径内每隔一个区域就有一个孔洞。某些应用程序（如Photoshop）默认使用奇偶填充规则，因此，从这些应用程序导入的复合路径将使用奇偶填充规则。

图11-3　绘制圆形并执行比例缩放

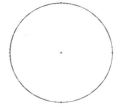

图11-4　多次重复

自交叠路径是与自身相交叠的路径。根据所需的外

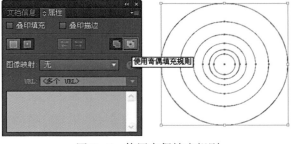

图11-5　使用奇偶填充规则

图11-6　填充颜色的效果

观，用户可以选择将这些路径做成非零缠绕路径或奇偶路径。下面我们尝试使用奇偶填充规则为复合路径填充颜色。

①绘制一个正圆。按住 Shift 键，使用"椭圆工具"在画板上拖拽出一个正圆。选择这个圆形，双击工具箱中的"比例缩放工具"（图11-3），在打开的"比例缩放"对话框中填入数据。等比缩放数值为70%，单击"复制"按钮，生成一个新的同心圆。

②选择新生成的圆形，多次重复第2步操作，如图11-4所示。

③将所有的圆形选中，选择"对象 > 复合路径 > 建立"命令，生成复合路径。选择"窗口 > 属性"命令，打开"属性"面板，选择"使用奇偶填充规则"选项，如图11-5所示。并为这个复合路径填充任意颜色，此时将看到该路径自动填充了奇数同心圆效果，如图11-6所示。实际上没有填充颜色的地方是镂空的。

11.1.2　复合形状和路径查找器

由"路径查找器"面板和"效果 > 路径查找器"提供的路径查找器命令可以使两个以上的物体结合、分离和支解，并且可以通过物体的重叠部分建立新的物体，这对制作复杂的图形有很大的帮助。

绘制如图11-7所示的两个具有叠加部分的正圆，确定两圆都处于选中状态，单击"路径查找器"面板上的"与形状区域相交"按钮（图11-7），得到如图11-8所示的结果。

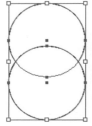

图11-7 "与形状区域相交"命令

图11-8 执行命令得到的复合路径

图11-9 最终得到的复合路径

要保留的形状只是两圆的叠加部分，但是图11-8显示的虽然只有叠加部分，但事实上却将两圆的路径都完整地保留了下来，这是因为引入了一个新的概念——复合形状。单击"路径查找器"面板上的"扩展"按钮，得到如图11-9所示的结果，这时得到一个复合形状。

复合形状不同于复合路径，复合路径是由一条或多条简单路径组成的，这些路径组合成一个整体，即使是分开的单独路径，只要它们被制作成复合路径，它们就是联合的整体。通常人们利用复合路径来制作挖空的效果，在蒙版的制作上它们也起到很大的作用，多条分开的闭合路径通过制作成复合路径，可以成为一个有效的蒙版。

复合形状是通过多个物体执行"路径查找器"中的相加、交集及分割等命令所得到的一个"活"的组合。虽然从外观上看，复合形状和复合路径的效果差不多，但是它们的实际架构却是截然不同的，如图11-8和图11-9所示。在图11-9中，虽然填充色显示只有叠加的部分，但是保留下来的两圆的路径为以后的修改提供了极大的便利。利用"直接选择工具"可以随时修改两圆的大小及锚点的位置，由此来改变叠加的形状，所以我们把这种组合称为"活"的组合。在图11-9中，我们看到的一个复合形状，显而易见，复合形状是破坏性的，叠加部分以外的物体都被删除了。

既然复合形状具备再编辑的优势，为什么还要施加"扩展"命令呢？复合形状既然能够保留原始物体，那么它肯定会增加文件的大小，而且在显示具有复合形状的文件时，系统要一层层地从原始物体读到现有的结果，屏幕的刷新速度就会减慢。所以在确定结果无误后，建议展开复合形状。

执行"窗口 > 路径查找器"命令，使"路径查找器"出现在页面上（也可以按 Ctrl+Shift+F9）。首先要选择两个或两个图形，才能执行其中的任何一个命令。

（1）与形状区域相加（ ）

此命令可以将所有被选中的图形变成一个封闭的图形，重叠区域被融合为一体，重叠的边线自动消失。执行完"与形状区域相加"命令后，图形的填充色和边线色与原来位于最前面的图形的填充色及边线色相同。如果要绘制鞋底，可先使用"钢笔工具"绘制出鞋底的形状，然后再对称复制鞋底图形即可。选择这两个形状，如图11-10所示。单击"与形状区域相加"按钮，再单击"扩展"按钮，将这两个形状合并成一个相加的鞋底，如图11-11所示。

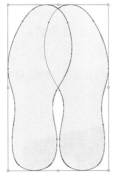

图11-10　"与形状区域相加"命令　　　　图11-11　最终效果

（2）与形状区域相减（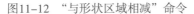）

此命令是后面的图形减去前面的图形，前面的图形不再存在，后面图形重叠的部分被剪掉，只保留后面图形未重叠的部分。最终图形和原来位于后面的图形保持相同的边线色和填充色。如果要绘制眼睛的边框，可以先绘制两个大小不同的叶子形状，如图11-12所示。选中这两个椭圆，单击"与形状区域相减"按钮，再单击"扩展"按钮，结果如图11-13所示。

图11-12　"与形状区域相减"命令　　　　图11-13　最终效果

（3）与形状区域相交（ ）

执行此命令后只保留图形部分的重叠部分，最终图形具有和原来位于最前面的图形相同的填充色和边线色。如果要绘制齿轮，可以先绘制一个多边形和一个星形，然后选中这两个图形，如图11-14所示。单击"与形状区域相交"按钮，再单击"扩展"按钮，最终结果如图11-15所示。

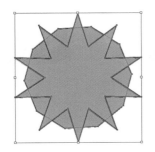

图11-14　"与形状区域相交"命令　　　　图11-15　最终效果

（4）排除重叠形状区域（ ）

执行此命令只保留被选取图形的非重叠区域，重叠区域被挖空变成透明状，双重重叠区域被保留。最终图形和原来位于最前面的图形有相同的填充色和边线色。

如果要绘制一个需要重叠部分被挖空的图形，可以先绘制必要的元素，如图11-16所示。然后单击"排除重叠形状区域"按钮，可以得到如图11-17所示的图形。

图11-16 "排除重叠形状区域"命令 　　　　　　　图11-17 最终效果

（5）分割（ ）

使用此命令图形就以重叠边线部分为分界点，被分成几个不同的闭合图形。这几个闭合图形自动成组，可使用"直接选择工具"移动单个图形。

此命令可根据路径将图形进行分割。绘制如图11-18所示的图形，把所有图形都选中后执行"分割"命令，如图11-19所示图形就互相分割。分割后的图形自动成组，解除群组并移动图形位置，可以看出图形与图形之间已经分割开，如图11-20所示。分割图形偶尔就是为了删除交叉的部分，同时还可以对不同的分割后的图形进行重新填色和其他效果处理，如图11-21所示。

图11-18 绘制图形

图11-19 "分割"命令 　　　　图11-20 执行"分割"命令 　　　图11-21 最终效果

（6）修边（ ）

使用此命令的结果是将后面图形被覆盖的部分剪掉。执行此命令后，图形也自动成组。两个有重叠部分的图形执行"修边"命令后，原来的边线颜色变为无色，用"编组选择工具"

可分别选中修剪后的区域，并对其进行移动和其他编辑操作。

如图11-22所示，准备3个运动鞋形状和1个五角星。将几个图形重叠到一起，如图11-23所示，注意图形间的上下层关系，这关系到上一层图形与下一层图形叠加的部分将被修剪掉，然后执行"修边"命令。

使用"编组选择工具" ▶ 移动被修边的图形，单击五角星，使用"比例缩放工具"将它缩小一些，新图形更换协调的颜色，即可完成小图标的制作，如图11-24所示。

图11-22　绘制图形　　　　　　图11-23　"修边"命令　　　　　　图11-24　最终效果

（7）合并（ ▣ ）

执行此命令可以删除已填充对象被隐藏的部分。它会删除所有描边，且会合并具有相同颜色的相邻或重叠的对象。

如图11-25所示，准备两个大小不一的方形和一个服装图标，其中两个图形的颜色相同，将三者重叠放置，如图11-26所示，执行"合并"命令。合并后颜色相同的图形合并为一个图形，叠加在上面的服装图标可删除下一层的图形，解除群组可见合并后的图形效果，如图11-27所示。

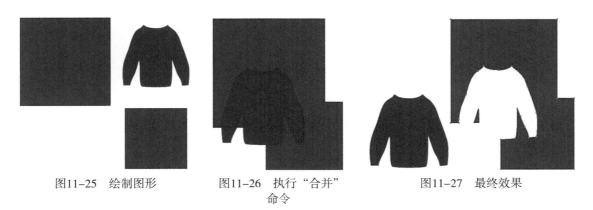

图11-25　绘制图形　　　　图11-26　执行"合并"　　　　图11-27　最终效果
　　　　　　　　　　　　　　　命令

（8）裁剪（ ▣ ）

裁剪将文件中的图形分割为其构成成分的填充表面，删除文件中所有落在最上方对象边界之外的部分，同时还会删除所有描边。

如图11-28所示，分别准备几个图形，并将它们按照如图11-29所示的位置进行叠放。用于裁剪参照的服装图案放在上一层，而被裁剪的鱼儿图案放在下一层，执行"裁剪"命令。裁剪后服装图形外的鱼儿图案被切掉了，如图11-30所示，服装本身也被裁剪出与鱼重叠的轮廓。为服装图形填充任意一种颜色，两个图案就完好地组合在一起了，不需要的部分均被删除，如图11-31所示。

图11-28　绘制图形　　图11-29　调整上下关系　　图11-30　执行"裁剪"命令　　图11-31　最终效果

（9）轮廓（ ⬚ ）

此命令将所有填充图形转换成轮廓线，轮廓线的颜色和原来图形的填充色相同，且轮廓线被分割成一段段开放的路径，这些开放的路径自动成组。

如图11-32所示，将两个图形叠放，并执行"轮廓"命令。执行后画面上只剩下轮廓线的颜色，如图11-33所示。执行"轮廓"命令后的

图11-32　调整图形层叠关系　　图11-33　执行"轮廓"命令

图形被分割成开放路径，可以根据情况删除部分不需要的路径，也可以配合实时上色功能为部分区域填色。

（10）减去后方对象（ ⬚ ）

此命令和"裁剪"命令执行的结果相反。执行此命令后，前面的图形减去后面的图形，前面图形的非重叠区域被保留，后面的图形消失，最终图形与原来位于前面的图形保持相同的边线色和填充色。

11.1.3 形状生成器

形状生成器工具是一个用于通过合并或擦除简单形状创建复杂形状的交互式工具，它对简单复合路径有效，可直观地显示所选艺术对象中可合并为新形状的边缘和选区。"边缘"是指一条路径中的一部分，该部分与所选对象的其他任何路径都没有交集。"选区"是一个边缘闭合的有界区域。默认情况下，该工具处于合并模式，允许合并路径或选区。也可以按住 Alt 键切换至抹除模式，以删除任何不想要的边缘或选区。

（1）使用形状生成器快速创建

使用基础图形工具创建如图11-34所示的形状，并用"选择工具"将其选中，使所有形状都处于被选中状态，如图11-35所示。选择"形状生成器工具"，在需要将形状连接起来的图形上按住鼠标左键并拖动至下一个形状，此时被选中的图形将会有网格出现，也可以一次选择多个形

图11-34　创建图形

图11-35　选中图形

图11-36　连接图形

图11-37　删除多余的图形

状，如图11-36所示释放鼠标，需要合并的形状将被合并。

按住 Alt 键，单击需要删除的形状或者选择拖拽一次选择多个形状，就可以将其多余的部分删除，如图11-37所示。

（2）设置形状生成器选项

双击工具箱中的"形状生成器工具"图标，可打开"形状生成器工具选项"对话框，如图11-38所示，在对话框中可以进行下列选项的设置。

①间隙检测。使用"间隙长度"下列列表可以设置间隙长度，其中包括小（3点）、中（6点）和大（12点）3个选项。若想要提供精确的间隙长度，可选中"自定"复选框。

②将开放的填充路径视为闭合。如果选中此复选框，则会为开放路径创建一段不可见的边缘以生成一个选区。单击选区内部时，会创建一个形状。

③在合并模式中单击"描边分割路径"。选中此复选框，在合并模式中单击描边即可分割路径。此选项允许将父路径拆分为两条子路径，第一条子路径将从单击的边缘创建，第二条子路径是父路径中除第一条子路径外剩余的部分。

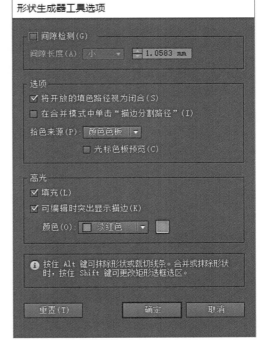

图11-38　设置形状生成器选项

④拾色来源。可以从颜色色板中选择颜色或从现有图稿所用的颜色中选择，来给对象上色。"拾色来源"下拉列表中包括"颜色色板"和"图稿"两个选项。

如果选择"颜色色板"选项，则可使用"光标色板预览"选项，通过选中"光标色板预览"复选框来预览和选择颜色。选中此复选框时，会提供实时上色风格光标色板，它允许使用方向键循环选择色板面板中的颜色。

⑤填充。"填充"复选框默认为选中，当鼠标指针滑过所选路径时，可以合并的路径或选区将以灰色突出显示。若取消选中状态，则所选选区或路径的外观将是正常状态。

⑥可编辑时突出显示描边。若此复选框处于选中状态，Illustrator将突出显示可编辑的笔触，可编辑的笔触将以用户从"颜色"下拉列表中选择的颜色显示。

11.1.4 有关路径查找器的其他命令

单击路径查找器面板右上角的小三角按钮，弹出如图11-39所示的控制菜单。

（1）陷印

所谓陷印是指在印刷中由于各色板之间没有套准或纸张的伸缩特性所造成的重叠部分的边缘留白，即常说的漏白边。为弥补印刷中的漏白现象，Illusrtator提供了陷印技术。

Illusrtator提供了两种补漏白的技术。一种就是此处要讲的"陷印"命令，它可以自动产生补漏白效果，但它只适用于简单的图形，对于渐变、图案、置入的图像和边线都不能产生补漏白的效果。另一种是通过"属性"面板对图形设置叠印选项。

当互相叠加的两个图形具有共同的色板时，如果两个图形的颜色组成中都有青色，是不需要补漏白的。补漏白一般用于专色印刷以及多个叠加的图形之间没有共同色板的情况。

一般有两种情况的补漏白。一种是浅色图形的边缘部分向深色背景扩张叠加，就如同图形向背景延伸一样，此种方法称为外延。另外一种是浅色背景向深色图形扩张叠加，就如同图形收缩一样，此种方法称为内缩。

一旦设定了补漏白的量，图形就不宜再放大或缩小，因为补漏白会随着图形的缩放而缩放。所以要在图形定稿后，再进行补漏白的设定。

如果文件中有很小的文字，而且文字后面又有背景色，文字的颜色最好采用黑色，然后选择叠印选项，因为黑色可覆盖所有的颜色。

要进行陷印，首先将两个具有部分重叠的图形选中，分别填充两种不同的颜色，本例中分别填充的是100%的品红和100%的黄色，如图11-40所示。单击控制菜单中的"陷印"命令，打开"路径查找器陷印"对话框，如图11-41所示。

图11-39

图11-40　重叠的图形

① "设置"选项组中有3个可变的选项：

a．"粗细"的默认值是0.25点，此值的数字范围是0.01~5000，通过设定该值可以确定陷印的厚度。

b．"高度 / 宽度"默认值是100%，即高度和宽度相同，可根据不同的情况进行不同百分比的设定。

c．"色调减淡"默认值是40%。对于两种深色的补漏白，"色调减淡"的值最好设定为100%；对于两种浅色的补漏白，如果设定值为100%，两种浅色交叠处就会生成突出的深色，达不到预期的补漏白效果，可在"色调减淡"时设定较小的百分比将补漏白的颜色淡化。

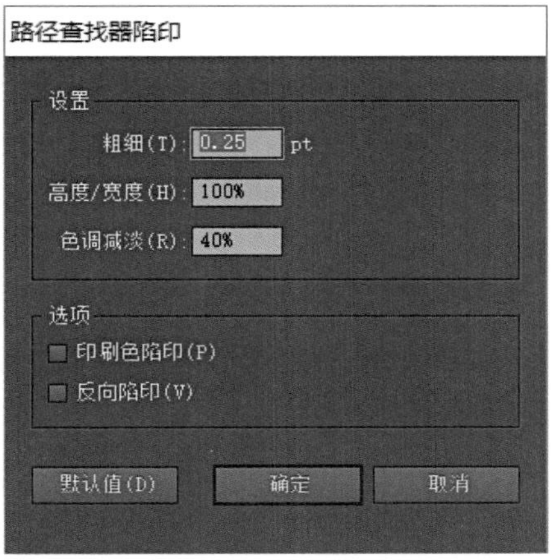

② "选项"组中有两个可选的命令：

a．印刷色陷印：此选项可将专色转色为四色。

b．反向陷印：内定的补漏白是浅色扩张，选中后可使深色向浅色扩张，但些颜色对丰富黑（指含有 CMYK 的黑色）无效。

当根据需要设定好各个选项后单击确定，在页面上就可以看到补漏白的效果，为使效果明显，可将厚度调为1点，补漏白的高度和宽度设为100%，色调减淡设为100%。

（2）重复路径查找器

表示重复上一步的路径操作。

（3）路径查找器选项

路径查找器选项是为所有的路径查找器命令而设的选项。选择这一命令，打开如图11-42所示的对话框。

精度：默认值是0.028，此选项用来定义软件执行路径查找器各命令时计算的精确度。

删除冗余点：选中后，可保证在执行所有路径查找器命令时移去多余的点。

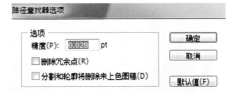

图11-42　"路径查找器选项"对话框

分割和轮廓将删除未上色图稿：选中后，可使没有填充色的图形的非重叠部分消失。

（4）建立复合形状

选择两个或两个以上的图形，执行此命令后生成复合形状，该复合形状的填充和边线等特性与执行命令前排列在最上面的图形相同。

（5）释放复合形状

选择该命令后可以释放复合形状，变回原来的独立图形，并恢复原来的填充和边线特性。

（6）扩展复合形状

选择该命令后，复合形状就变成一条简单路径或复合路径，不能再执行"释放复合形状"命令。

图11-41　"陷印"命令

11.1.5 实时描摹

"实时描摹"可以自动将转入的图像转换为完美细致的矢量图，从而可以轻松地对图形进行编辑、处理和调整大小，而不会带来任何失真。"实时描摹"可大大节约在屏幕上重新创建扫描绘图所需的时间，而图像品质依然完好无损。还可以使用多种矢量来交互调整"实时描摹"的效果。

（1）关于实时描摹

当用户希望根据现有图稿绘制新图稿时，例如，基于绘制在纸上的铅笔素描或存储在另一图形程序中的栅格图像创建图形，就可将图形置入 Illustrator 中进行描摹。描摹图稿最简单的方式就是打开或将文件置入 Illustrator 中，然后使用实时描摹命令进行描摹图稿，通过控制细节级别和填色描摹的方式得到想要的图像。

（2）实时描摹图稿

当置入位图图像后，如图11-43，选中图像，执行命令菜单"对象 > 实时描摹 > 建立"或单击控制面板中的"图像描摹"按钮 ▣图像描摹，图像将以默认的预设进行描摹，结果如图11-44所示。

（3）更改描摹选项

选中描摹的图像，单击控制面板中描摹选项对话框按钮 ▦，打开即可看到"描摹选项"，并单击它，出现"描摹选项"对话框，如图11-45所示。

预设：用于指定描摹预设。如图11-46、图11-47、图11-48所示的3个描摹结果依次使用了照片高保真度、线稿图和黑白徽标预设。

图11-43　置入位图图像

图11-44　描摹结果

图11-45　"描摹选项"对话框

图11-46　照片高保真

图11-47　线稿图

模式：用于指定描摹结果的颜色模式，包括彩色、灰度和黑白3种模式。

阈值：用于指定从原始图像生成黑白描摹结果的值。所有比阈值亮的像素转换为白色，所有比阈值暗的像素转换为黑色（注：该选项只有在"模式"为"黑白"时可用）。

图11-48　黑白徽标

调板：用于指定从原始图像生成颜色或灰度描摹的面板（注：该选项只有在"模式"为"彩色"或"灰度"时可用）。

（4）转换描摹对象

当对描摹结果满意时，可将描摹转换为路径或实时上色对象。转换描摹对象后，不能再使用调整描摹选项。

①转换为路径：选择描摹结果，单击控制面板中的"扩展"按钮，或执行菜单命令"对象 > 实时描 > 扩展"命令，将得到一个编组的路径对象。

②转换为实时上色组：选择描摹结果，单击控制面板中的"实时上色"按钮，或执行菜单命令"对象 > 实时描 > 实时上色"命令，将描摹结果转换为实时上色组。

11.2　改变形状工具及其相关的面板

在图形软件中，改变形状工具的使用频率非常高，除了菜单中的变形命令外，工具箱中的改变形状工具有旋转工具、比例缩放工具、镜像工具、倾斜工具及整形工具。

11.2.1　旋转工具

使用旋转工具 可以使图形绕固定点旋转。

首先选择工具箱中的"矩形工具"，在页面中画出一个矩形，并使矩形处于选中状态，然后选择工具箱中的"旋转工具"，此时所选的矩形中心会有一个图标，如图11-49所示。

当鼠标移到页面上时，鼠标变成十字交叉的符号，此时可按住鼠标左键拖拽，在拖拽的过程中，鼠标变成如图11-50所示。当释放鼠标时，原来的矩形被旋转且仍处于选中状态，如图

11-51所示。

若想通过旋转复制一个新的椭圆形，则在鼠标拖拽旋转过程中同时按住 Alt 键即可实现。旋转并复制后，原来的椭圆形位置不变，新复制的椭圆形旋转了一个角度，如图11-52所示。若旋转复制时，同时按住 Alt+Shift 键，则旋转的角度为45°或90°，如图11-53所示为45°的角。

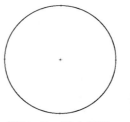

图11-49　选中图形

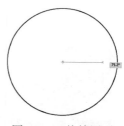

图11-50　拖拽图形

若想精确控制旋转的角度，则选择"旋转工具"后，先按住 Alt 键，然后单击鼠标，此时就会打开"旋转"对话框，如图11-54所示。双击工具箱中的"旋转工具"，也可以打开对话框。在角度框中可输入旋转的角度值，选中右下角的"预览"复选框就可看到页面中图形的变化。

如果要取消旋转，则单击"取消"按钮。如果要执行旋转命令，则单击"确定"按钮。如果要保留原图形，可以复制一个图形进行旋转，则单击"复制"按钮。对如图11-55所示的图形进行3次旋转和复制后得到如图11-56所示的结果。需要注意的是，其旋转中需位于三角形的左下角。

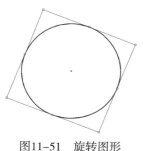

图11-51　旋转图形

图11-52　旋转图形

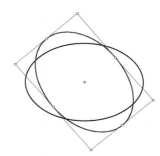

图11-53　按住 Alt 键

图11-54　"旋转"对话框

图11-55　三角形图形

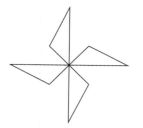

图11-56　连续旋转复制

11.2.2 比例缩放工具

使用比例缩放工具可随时对 Illustrator 中的图形进行缩放，缩放时和前面讲的旋转工具一样，也需要先确定固定点。

使用工具箱中的"星形工具"在页面上绘制一个星形图形，然后选择工具箱中的"比例缩放工具"，此时所选星形的中心会有一个✛图标，如图11-57所示。

当鼠标指针移到页面上时，鼠标指针变成十字交叉的符号，此时可按住鼠标左键拖拽，图标所代表的是缩放的基准点，在拖拽的过程中，鼠标指针变成箭头图标。向外拖拽鼠标可将原来的星形放大，向内拖拽鼠标可将原来的星形缩小如图11-58所示。

如果要精确控制缩放的角度，则在工具箱中选择"比例缩放工具"后，按住 Alt 键，然后单击鼠标，此时会弹出"比例缩放"对话框。在对话框中可以设置"比例缩放"的各种参数，如图11-59所示。利用"比例缩放工具"可以快速绘制出层叠的花朵图形，对如图11-60所示的花朵图形进行4次80%的缩小和复制，得到如图11-61所示的效果。

图11-57　星形图形

图11-58　执行"比例缩放"

图11-59　"比例缩放"对话框

图11-60　花朵图形

图11-61　层叠的花朵图形

11.2.3 镜像工具

使用镜像工具  可按镜像轴旋转图形，按住工具箱中的"旋转工具"右下角的三角形按钮即可弹出隐藏起来的镜像工具，如图11-62所示。在使用过程中同样需要先确定基准点，它将成为镜像轴的轴心。首先选择工具箱中的"椭圆工具"，然后在页面上画一个图形，并保持图形为选中状态，然后选择工具箱中的"镜像工具"，此时所选图形的中心会有一个 ◇ 图标，如图11-63所示。

图11-62　镜像工具

当鼠标指针移到页面上时，鼠标指针变成十字交叉的符号，此时可按住鼠标左键拖拽，◇图标所代表的是镜像旋转的轴心，选中镜像工具后，在页面单击即可改变轴心位置，如图11-64所示。在拖拽的过程中，鼠标指针变成箭头图标。当拖动鼠标时，图形就会沿着对称轴左镜像旋转。如图11-65所示。

图11-63　星星图形

图11-64　改变轴心位置

图11-65　镜像旋转

11.2.4 "变换"面板

使用"变换"面板同样可以移动、缩放、旋转和倾斜图形，"变换面板"如图11-66所示。

在此面板中，左边第一个图标表示图形外框。选择图形外框上不同的点，它后面的坐标数值就会跟着变化，表示图形相应点的位置。也可以直接输入数值，按回车键后图形的位置就会发生变化。"W"和"H"表示图形的宽度和高度，改变这两个数值，图形的大小就会发生变化。面板下方有两个数值框，分别表示旋转角度和倾斜角度，输入数值，图形就会被旋转和倾斜。

11.2.5 "再次变换"命令和"分别变换"命令

菜单"对象>变换"子菜单中有很多命令，其中"移动""缩放""旋转""倾斜"和"对称"命令与工具箱中相应的工具作用相同。

（1）"再次变换"和"移动"结合使用

①绘制一个如图11-67所示的图形，并使用"选择工具"选中图形。

②选择"对象>变换>移动"，在打开的"移动"对话框中设定位移数值，如图11-68所示，单击"复制"按钮，就得到第二个图形。

③选择"对象>变换>再次变换"（或者按Ctrl+D），多次执行此命令后就可以得到如图11-69所示的图形。

（2）"再次变换"和"旋转工具"结合使用

①使用"钢笔工具"画一个三角形，填充浅灰色，如图11-70所示。

②选择"镜像工具"对该图形进行镜像复制，改变一下新得到的图形的填充色，如图11-71所示。

③选择"旋转工具"，按住 Alt 键，在图形右下角处选定固定点，单击鼠标左键，打开"旋转"对话框，如图11-72所示，在对话框中设定"角度"为"15°"，单击"复制"按钮，得到复制旋转15°的图形。

④选择"对象>变换>再次变换"（或者按Ctrl+D），多次执行此命令后就可以得到如图11-73所示的图形。

图11-66 "变换面板"对话框

图11-67 绘制图形

图11-68 "移动"对话框

图11-69 再次变换

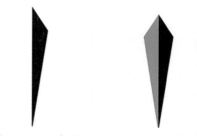

图11-70 三角形　　图11-71 镜像图形

（3）"再次变换"和"分别变换"结合使用

"分别变换"可一次性对图形进行缩放、移动和旋转等变形操作。选择"对象 > 变换 > 分别变换"，可以打开"分别变换"对话框，并进行相关选项的设置。

下面举例说明其使用方法。

①绘制如图11-74所示的图形。

②选中图形，选择"对象 > 变换 > 分别变换"，打开"分别变换"对话框，其选项中各项数值如图11-75所示，单击"复制"按钮。

图11-73　再次变换

图11-72　"旋转"对话框

图11-74　绘制图形

③选择"对象 > 变换 > 再次变换"（或者按 Ctrl+D），多次执行此命令后就可以得到如图11-76所示的图形。

（4）"分别变换"命令

"分别变换"命令可一次性对多个图形进行缩放、移动和旋转等变形操作，其中每个图形都以自身的中心点为缩放、移动和旋转的中心。

①使用"椭圆工具"绘制如图11-77所示的图形。

②在按住 Shift 键的同时使用"选择工具"选中需要进行缩放的图形，如图11-78所示。

③选择"对象 > 变换 > 分别变换"，在打开的对话框中设置"水平"和"垂直"的缩放为50%，然后单击"确定"按钮，得到如图11-79所示的效果。

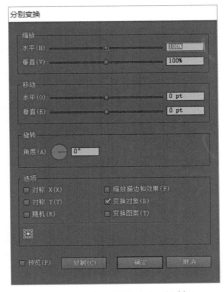

图11-75　"分别变换"对话框

图11-76　再次变换

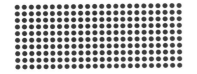

图11-77　绘制图形

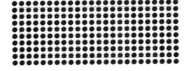

图11-78　选中需要变换的图形

图11-79　分别变换图形

第十二章
运动鞋设计常用的编辑命令

12.1 实时上色

"实时上色"是一种创建彩色图画的直观方法。它不必考虑围绕每个区域使用了多少不同的描边、描边绘制的顺序以及描边之间是如何相互连接的。

当创建了实时上色组后，每条路径都会保持完全可编辑特点。移动或调整路径形状时，前期已应用的颜色不会像在自然介质作品或图像编辑程序中那样保持在原处，相反，Illustrator 会自动将其重新应用于由编辑后的路径所形成的新区域中。

12.1.1 关于实时上色

实时上色组中可以上色的部分称为边缘和表面。边缘是一条路径与其他路径交叉后，处于交点之间的路径部分，表面是由一条边缘或多条边缘所围成的区域。可以通过"实时上色选择工具"为边缘描边，为表面填色。

图12-1所示为一条曲线穿过一个圆的效果。选择这两个图形，执行"对象 > 实时上色 > 建立"，将其转换为实时上色组；使用"实时上色选择工具"为每个表面填色，为每条边缘描边，如图12-2所示。

图12-1　绘制图形　　图12-2　执行实时上色

图12-3　修改路径　　图12-4　修改路径效果

修改实时上色组中的路径，会同时修改现有的表面和边缘，还可能创建新的表面和边缘，如图12-3、图12-4所示。

可以向实时上色组中添加更多的路径，可以对创建的新表面和边缘进行填色和描边，也可以删除路径，如图12-5至图12-7所示。

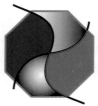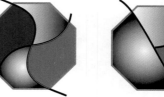

图12-5　添加路径　　图12-6　创建的新　　图12-7　删除路径
　　　　　　　　　　　　　　　表面和边缘

对实时上色组执行"对象 > 实时上色 > 扩展"，可以将其拆分成相应的表面和边缘，如图12-8、图12-9所示。

图12-8　执行扩展　　图12-9　拆分图形
命令

12.1.2 创建实时上色组

要使用"实时上色工具"为表面和边缘上色，首先需要创建一个实时上色组。

使用"钢笔工具"绘制如图12-10所示的图形并选中它，在工具箱中选择"实时上色工具"，在图形上单击或选择"对象 > 实时上色 > 建立"，即可创建实时上色组。在"色板"面板中选择颜色，使用"实时上色工具"就可以填色，如图12-11所示。

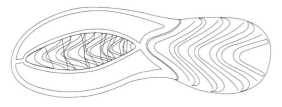

图12-10　绘制图形

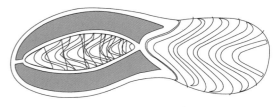

图12-11　实时上色

在工具箱中选择"实时上色工具"，可以挑选实时上色组中的填色和描边进行上色，并可以通过"描边"面板或控制面板修改描边的宽度，如图12-12所示。实时上色完成后，使用"选择工具"选择实时上色组，实时上色组的定界框与其他图形的定界框有所不同，如图12-13所示。

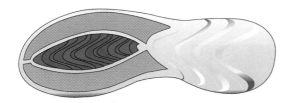

图12-12　实时上色

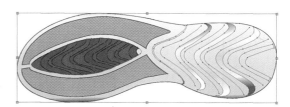

图12-13　选择实时上色组

12.1.3 在实时上色组中添加路径

在如图12-14所示的实时上色组中添加一条路径，如图12-15所示。选中实时上色组和路径，单击控制面板中的"合并实时上色"按钮或选择"对象 > 实时上色 > 合并"，路径将添加到实时上色组内，如图12-16所示。使用"实时上色选择工具"可以为新的实时上色组重新上色，如图12-17所示。

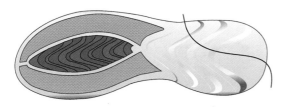

图12-14　添加路径

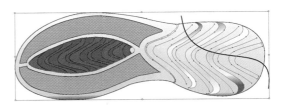

图12-15　选择实时上色组

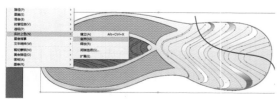

图12-16　合并实时上色

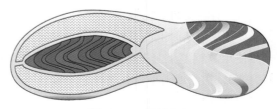

图12-17　重新上色

12.1.4　间隙选项

在"间隙选项"对话框中可以预览并控制实时上色组中可能出现的间隙。间隙是由于路径和路径之间未对齐而产生的，可以手动编辑路径来封闭间隙，也可以选中"间隙检测"复选框对设置进行调整，以便 Ilustrator 可以通过指定的间隙大小来防止颜色渗漏。每个实时上色组都有自己独立的间隙设置。

①新建文件，使用"铅笔工具"绘制出如图12-18所示的图形，选中所有的图形，使用"实时上色工具"在图形上单击，将其转换为实时上色组。

②单击控制面板上的"间隙选项"按钮，打开"间隙选项"对话框，如图12-19所示。选中"间隙检测"复选框，在"上色停止在"下拉列表中选择间隙的大小或者通过"自定"选项自定间隙的大小，在"间隙预览颜色"下拉列表中挑选一种与图稿有差异的颜色以便预览，选中"预览"复选框，可以看到线稿中间的间隙被自动连接起来，如图12-20所示。

图12-18　绘制图形

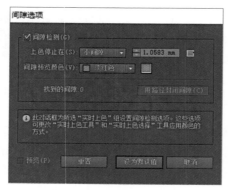

图12-19　间隙选项对话框

图12-20　执行间隙选项命令

③对预览结果满意后，单击"用路径封闭间隙"按钮，再单击"确定"按钮，即可用"实时上色工具"为实时上色组进行上色，如图12-21所示。如图12-22为没有执行间隙选项命令的上色效果。

图12-21　用路径封闭间隙后上色

图12-22　执行间隙选项命令前效果

12.1.5 "描边"面板

图形的描边和填充是分别进行设定的，其中描边如果不是画笔进行设定的，那么它的宽度和线型由"描边"面板中的选项确定。

选择"窗口 > 描边"，可以显示或隐藏"描边"面板，如图12-23所示。

"粗细"用来设置路径的宽度，也就是线的粗细。

"端点"有3个不同的按钮，分别是平头端点、圆头端点和方头端点。

"限制"用来设置斜接的角度。

"边角"用来表示不同的拐角连接状态，分别为尖角连接、圆角连接、斜角连接，使用不同的连接方式将得到不同的连接结果，如图12-24所示。

图12-23　"描边"面板

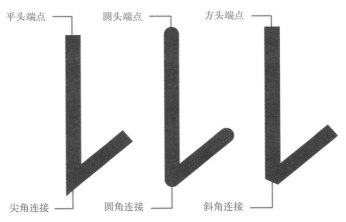

图12-24　"边角"选项

当拐角连接状态设置为"尖角连接"时，"限制"数值框中的数值是可以调整的，当拐角连接状态设置为"圆角连接"或"斜角连接"时，"限制"数值框呈灰色，不可设定值。当拐角角度很小时，尖角连接会自动变成斜角连接，拐角不同时，尖角连接自动变成斜角连接时的"限制"数值框中的数值也不同。"限制"数值框中的数值用来控制变化的角大，数值就大，可容忍的角度越大。

如图12-25和图12-26所示，路径的拐角角度相同，且都是平头端点和尖角连接，当"限制"值为6时，拐角处仍然是尖角连接，如图12-27所示；当"限制"值为2时，拐角处自动变成斜角连接，且将尖角切除，如图12-28所示。

图12-25　尖角连接

图12-26　斜角连接

图12-27　尖角连接

图12-28　限值2为斜角

"对齐描边"有3个按钮，分别是"使描边居中对齐""使描边内侧对齐""使描边外侧对齐"，用来设置路径描边的位置，如图12-29至图12-31所示。

图12-29 使描边居中对齐

图12-30 使描边内侧对齐

图12-31 使描边外侧对齐

"虚线"可以用来做虚线，选中虚线复选框，其下方出现6个文本框，在其中输入不同的数值，得到的虚线效果也不同，同时可以配合不同粗细的线和线端形状，会产生各种不同的效果。

用来定义虚线的文本框下面的文字说明了每个文本框中数字的含义，其中"虚线"表示虚线线段的长短，前面讲过相同的线段长度，会由于线端的不同而产生不同的效果；"间隙"表示虚线中线段之间的空隙。如图12-32所示为不同间隙的虚线。

虚线文本框不同的数值设定可以得到不同的效果，使用描边时，应遵循下列几项原则：

可以直接对描边填充图案，但无法直接填充渐变。同一路径的描边宽度是一样的。当使用"路径查找器"面板中的功能来组合、分离或修正路径时，绝大部分描边的特性会被忽略。在描边的设计上，经常通过"编辑 > 复制"和"编辑 > 贴在前面"命令将多个复制的描边重叠于原描边上，以制作出特殊效果。

图12-32 不同间隙的虚线

12.2 渐变色及网格的制作及应用

Illustator 提供了两种制作渐变的工具，"渐变工具" ▭ 和"网格工具" ▨。使用"渐变工具"可以在一个或多个图形内填充，渐变方向是单一方向；使用"网格工具"可以在一个图形内创建多个渐变点，产生多个渐变方向。

12.2.1 渐变色的制作及应用

使用渐变填充可以在要应用其他任何颜色时应用渐变颜色混合。创建渐变色是在一个或多个对象间创建平滑过渡的好方法。可以将渐变存储为色板，从而便于将渐变应用于多个对象。Illustator 提供了从渐变到透明的效果，这样可以创建色彩更加丰富的作品。

（1）"渐变"面板和"渐变工具"

可以通过使用"渐变"面板，选择菜单"窗口＞渐变"或渐变工具来创建和修改渐变。选择菜单"窗口＞渐变"，打开"渐变"面板，如图12-33所示。

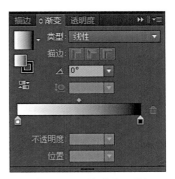

①"渐变"面板：渐变颜色由沿着渐变滑动条的一系列色标决定。色标标志渐变从一种颜色到另一种颜色的转换点，由渐变滑块下的方块所标示。这些方块显示了当前指定给每个渐变色标的颜色。使用径向渐变时，最左侧的渐变色标定义了中心点的颜色填充，它呈辐射状向外逐渐过渡到最右侧的渐变色标的颜色。使用"渐变"面板中的选项或者使用"渐变"工具可以指定色标的数目和位置、颜色显示的角度、椭圆渐变的长宽比以及每种颜色的不透明度。

图12-33　"渐变"面板

在"渐变"面板中，"渐变填色"框显示了当前的渐变色和渐变类型。单击"渐变填色"时，选定的对象将填充此渐变。紧靠此框的右侧是渐变下拉列表，此下拉列表中列出了可供选择的所有默认渐变和预存渐变。列的底部是"添加到色板"按钮，单击该按钮可将当前渐变设置存储为色板。

默认情况下，此面板包含开始和结束颜色框，但可以通过单击渐变滑动条的任意位置来添加更多的颜色框。双击渐变色标可打开渐变色标颜色面板，从而可以从"颜色"面板和"色板"面板中选择所需颜色。

②渐变工具 ▨：可以使用"渐变工具"来添加或编辑渐变。在未选中的非渐变填充对象中单击"渐变"工具时，将使用上次使用的渐变来填充对象。"渐变工具"也提供渐变面板所提供的大部分功能。选中渐变填充对象并选择"渐变工具"时，该对象中将出现一个渐变条。可以使用这个渐变条来设置线性渐变的角度、位置和外扩陷印，或者设置径向渐变的焦点、原点和外扩陷印。如果将该工具直接放在渐变条上，它将变为具有渐变色标和位置指示器的渐变滑动条（与"渐变"面板中的渐变滑动条相同）。可以单击滑块以添加新的渐变色标，双击各个渐变色标可在打开的面板中指定新的颜色和不透明度，或者将渐变色标拖动到新位置。

将鼠标指针放在渐变滑动或滑块上，当其变为旋转形状时，可以通过拖动来重新设定渐变的角度。拖动滑动的圆形端将重新定位渐变的原点，而拖动箭头端则会扩大或缩小渐变的范围，如图12-34所示。

双击渐变滑动条上的渐变色标会打开渐变色标颜色面板，可直接在渐变图形上设置渐变颜色，如12-35所示。

（2）渐变的应用及编辑

选中需要编辑的图形，若要应用上次使用的渐变，可单击工具箱中的"渐变"按钮，如图12-36所示，或选择"渐变"面板中的"渐变填色"框，即可为图形添加渐变色。

若想将上次使用的渐变应用到当前不包含渐变的未选中的对

图12-34　"渐变"命令

象中，使用"渐变工具"，即可为其添加渐变色。

若想应用预设或以前存储的渐变，可从"渐变"面板中的渐变下拉列表中选择一种渐变，或者在"色板"面板中单击某个渐变色板。

（3）创建椭圆渐变

在 Illustrator 中可以创建线性渐变、径向渐变或椭圆渐变。当更改径向渐变的长宽比时，它会变成一个椭圆渐变，也可以更改该椭圆渐变的角度并使其倾斜。

在"渐变"面板中，从"类型"下拉列表中选择"径向"，设定100%以外的长宽比值，若想使椭圆倾斜，应设定0以外的角度值，如图12-37所示。

图12-35 改变渐变滑块颜色

图12-36 "渐变"按钮

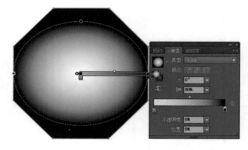
图12-37 改变渐变宽度

（4）修改渐变中的颜色

①执行下列操作之一：若想修改渐变而不使用该渐变填充对象，可取消选择所有对象并双击"渐变工具"，或单击工具箱底部的"渐变"按钮。

若想修改对象的渐变，可选择该对象，并打开"渐变"面板。

若想修改预设渐变，可从"渐变"面板中样式下拉列表中选择一种渐变，或单击"色板"面板中的渐变色板，打开"渐变"面板。

②若想改变色标的颜色，执行下列操作之一：

双击渐变色标，在打开的面板中指定一种新颜色，可通过单击左侧的"颜色"或"色板"图标来更改显示面板。

将"颜色"面板或"色板"面板中的一种颜色拖动到渐变色标上。

③若想在渐变中添加中间色，可将颜色从"色板"面板或"颜色"面板中拖到"渐变"面板中的"渐变滑块"上。或者单击渐变滑动条下方的任意位置，然后选择一种颜色作为所需的开始或结束颜色。

④若想删除一种中间色，可将"渐变"滑块拖离渐变条，或者选择"渐变滑块"，并单击"渐变"面板中的"删除色标"按钮。

⑤若想调整颜色在渐变中的位置，可执行下列操作之一：

若想调整渐变色标的中点，可拖动位于滑动条上方的菱形图标，或选中该图标，并在"位置"数值框中输入0~100之间的值。

若想调整渐变色标的终点，可拖动渐变滑动条下方最左边或最右边的"渐变滑块"。

若想反转渐变中的颜色，可单击"渐变"面板中的"反向渐变"按钮。

⑥若想更改渐变颜色的不透明度，可单击"渐变"面板中的色标，在"不透明度"中输入所需数值。

⑦单击"色板"面板中的"新建色板"按钮，将新的或修改的渐变存储为色板，或者将渐变从"渐变"面板或工具箱中拖到"色板"面板中。

（5）跨过多个对象应用渐变

如果需要对一组对象同时进行渐变着色，应先选择所有想要填充的对象，接着选择"渐变工具"，执行下列操作之一：

要使用一个渐变滑块创建渐变，可单击想要开始渐变的画板，并拖动到想要渐变结束的地方。

要使用每个选定的对象的渐变滑块来创建渐变，可单击想要开始渐变的画板，并按住 Alt 键拖到想要渐变结束的地方，然后就可调整各个对象的渐变滑块。

（6）更改渐变的方向、半径或原点

使用渐变填充对象后，可以使用"渐变工具"通过绘制新的填充路径来修改渐变。使用此工具可以更改渐变的方向、原点、起点和终点。

首先选择渐变填充对象，然后选择"渐变工具"并执行下列操作之一：

要更改线性渐变的方向，可单击想要渐变开始的位置，向想要渐变显示的方向拖动，或将"渐变工具"放在对象中的渐变滑块上，当鼠标指针变为旋转图标时，通过拖动来设置渐变的角度。

要更改径向渐变或椭圆渐变的半径，可将"渐变工具"放在对象中渐变滑动条的箭头上，通过拖动来设置半径。

要更改渐变的原点，可将"渐变工具"放在对象中渐变滑动条的起点处，拖动到所需的位置。

要同时更改半径和角度，可按住 Alt 键单击终点，拖动到新位置即可。如图12-38、图12-39所示。

（7）将渐变应用于描边

Illustrator CS6 提供了三种可用于描边的渐变的类型。即不必再扩展描边进行填充，然后将渐变应用于描边。可使用"渐变"面板将渐变应用于描边。

内部：类似于使用渐变将描边扩展到填充对象，如图12-40所示。

图12-38　更改渐变方向　　　　图12-39　最终效果

水平：沿着描边的长度水平应用渐变，如图12-41所示。

垂直：沿着描边的宽度垂直应用渐变，如图12-42所示。

图12-40　在描边中应用渐变

图12-41　沿描边应用渐变

图12-42　跨描边应用渐变

12.2.2 透明度和混合模式

透明度极其密切地集成在 Illustrator 中，因此很可能在不知不觉中就在图稿上添加了透明度，方法如下：

降低对象的不透明度，使底图的图稿变得可见。

使用不透明蒙版来创建不同的透明度。

使用混合模式来更改重叠对象之间颜色的相互影响方式。

应用包含透明度的效果或图形样式，如投影等。

导入包含透明度的 Photoshop 文件。

"透明度"面板可以将透明效果应用到文件中含有位图图像或文字的所有对象中。"透明度"面板把透明度数值应用到叠加的对象中，从而可以获得透明效果。

选择菜单"窗口 > 透明度"，可以打开或关闭"透明度"面板，需要将"透明度"面板中的隐藏选项全部显示出来，如图12-43所示。

创建一个椭圆，并给它填充黑色到透明的渐变色，在"透明度"面板中设置"不透明度"为50%，可以得到如图12-44所示的效果。

了解是否正使用透明度是非常重要的，因为打印及存储透明图稿，必须另外设置一些选项。要在图稿中查看透明度，可显示背景网格以确定图稿的透明区域。选择菜单"视图 > 显示透明度网格"，可清楚看到椭圆的透明度效果，如图12-45所示。

图12-43　"透明度"面板

图12-44　设置"不透明度"

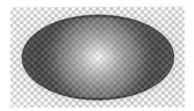

图12-45　显示透明度网格

除了使用"显示透明度网格"的方式外，还可以通过选择菜单"文件 > 文档设置"，在打开的"文档设置"对话框中设置透明度网格选项来更改画板颜色以模拟图稿在彩色纸上的打印效果。

12.2.3 混合对象

在 Illustrator 中可以混合对象创
建形状，并在两个对象之间平均分布
形状，也可以在两个开放的路径之间
进行混合，在对象之间创建平滑的过
渡，或组合颜色和对象的混合，在特
定对象形状中创建颜色过渡。

（1）初识混合

混合对象与将混合模式或透明
度应用于对象不同。如图12-46、图
12-47所示为使用混合在两对象间平
均分布形状的例子，先准备两个图
形，然后使之平均分布混合，便得到
这样的效果。

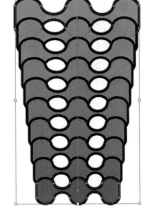

图12-46　绘制图形　　　　图12-47　混合效果

图12-48、图12-49所示为使用混
合在两对象间平滑分布对象的例子，
平滑分布对象可得到渐变的效果，常

图12-48　绘制图形　　　　图12-49　混合效果

用于做突起后有矢量体积感的图形，如山脉等。

以下规则适用于混合对象以及与之相关联的颜色：

①不能在网格对象之间执行混合。

②如果在一个使用印刷色上色的对象和一个使用专色上色的对象之间执行混合，则混合后
所生成的形状会以混合的印刷色来上色。如果在两个不同的专色之间混合，则会使用印刷色来
为中间步骤上色，但是在相同专色的色调之间进行混合，则所有步骤都按该专色的百分比进行
上色。

③如果在两个图案化对象之间进行混合，则混合步骤将只使用最上方图层中对象的填色。

④如果在两个使用"透明度"面板指定了混合模式的对象之间进行混合，则 Illustrator 会试
图混合其选项。

⑤如果在两个相同符号的实例之间进行混合，则混合步骤将为符号实例，但如果在两个不
同符号的实例之间进行混合，则混合步骤不会是符号实例。

⑥默认情况下，混合会作为挖空透明组创建，因此如果有任何步骤是由叠印的透明对象组
成的，那么这些对象将不会透过其他对象显示出来。可通过选择混合并取消选中"透明度"面
板中的"挖空组"复选框来更改此设置。

（2）创建混合

选择"混合工具" ，分别单击两个对象的任意位置，如图12-50所示，先准备好两个对
象，然后分别单击这两个对象，即可得到一个混合效果，如图12-51所示。

图12-50　绘制图形　　　　　　　　　　　　图12-51　混合效果

12.3　其他编辑命令

12.3.1　轮廓化描边

　　我们知道边线色不能被设定为渐变色，如果把边线转换成图形，就可以在这个区域内进行渐变填充或图案填充了。为如图12-52所示的图形增加特殊描边画笔，但处于选中状态的边线色只能填充单色，现在要对其进行外框化处理。选择菜单"对象 > 路径 > 轮廓化描边"命令，选择的路径就变成了具有填充和边线属性的

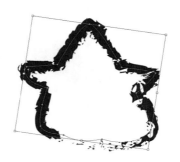

图12-52　绘制图形　　　　图12-53　轮廓化描边后填充渐
变色

封闭图形，这时就可以对其填充渐变色或图案了，如图12-53所示。

12.3.2　路径偏移

　　"路径偏移"命令是以原路径为中心生成新的封闭图形。

　　绘制一条路径并处于选中状态，选择菜单"对象 > 路径 > 路径偏移"命令，打开"路径偏移"对话框，如图12-54所示。

　　位移：用来输入位移量。

　　连接：下拉列表中有3个选项，分别为"斜接""圆角"和"斜角"。这3个选项用来定义路径拐角处的连接情况。

　　斜接限制：用来控制斜接的角度。当拐角很小时，"斜接"会自动变成"斜角"，否则拐角太尖。"斜接限制"文本框的数值用来控制变化的角度，数值越大，可容忍的角度越大。

　　首先使用"钢笔工具"绘制一条直线，使其处于选中状态，然后执行"对象 > 路径 > 偏移路径"，打开"偏移路径"对话框，参数设置如图12-55所示，单击确定，可得到如图12-56的效果，原来的路径不会消失。

图12-54　路径偏移对话框

图12-55　参数设置

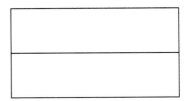

图12-56　最终效果

　　同样也可对波浪线、折线等执行此命令，参数设置如图12-57所示，效果如图12-58所示，原来的波浪线位于图形的中心。

　　鞋样设计过程中，鞋带的绘制就可执行此命令来完成，

图12-57　参数设置

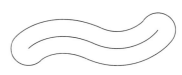

图12-58　最终效果

绘制鞋带线条，任何执行"对象 > 路径 > 偏移路径"，具体操作如图12-59、图12-60所示，最后删除刚开始画的鞋带线条即可得到鞋带效果，如图12-61所示。

图12-59　绘制线条

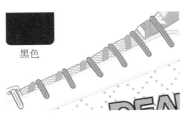

图12-60　执行偏移路径

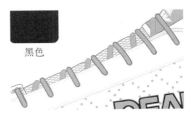

图12-61　最终效果

12.3.3　图形复制

　　在"编辑"菜单下包含一系列有关复制的命令，分别为复制、剪切、粘贴、贴在前面、贴在后面和清除等。

　　①复制：Ctrl+C，它是图形复制中常用到的命令。使用这一命令可将当前选中的图形复制到剪贴板中进行保存，并且当前的图形不会发生变化。

　　②剪切：Ctrl+X，将当前选中的物体剪切到剪贴板中。

　　剪贴板中的内容是一次性存储的，当执行第二次"复制"或"剪切"时，所复制或剪切的内容会自动替换掉上一次存放在剪贴板中的内容。剪贴板中的内容暂时存放在系统的内存中，当计算机重新启动时，剪贴板中的内容即被清除。关于剪贴板选项，用户可以选择"编辑 > 首选项 > 文件处理和剪贴板命令"进行查看。

　　③粘贴：Ctrl+V，这一命令可把存放在剪贴板中的内容粘贴到工作页面的中心位置。

④贴在前面：将对象直接粘贴到所选对象的前面。

⑤贴在后面：将对象直接粘贴到所选对象的后面。

⑥清除：用于将选中的对象删除。

除了以上几个命令外，Illustrator 还有其他复制的方法。如，使用变形工具中的"复制"选项或者在页面中选中待复制的对象后，再按住 Alt 键的同时拖动所选对象，也可以完成复制效果。

如果要还原到前一步的操作，用户可以使用 Illustrator 提供的还原命令，同时还有"重做"命令。其快捷键为 Ctrl+Z 和 Ctrl+Shift+Z，菜单命令在"编辑"。

12.3.4 蒙版

剪切蒙版是一个可以用其形状遮盖其他图稿的对象，因此使用剪切蒙版，用户只能看到蒙版形状内的区域。从效果上来说，就是将图稿剪切成蒙版的形状。剪切蒙版和遮盖对象称为剪切组合。可以通过选择的两个或多个对象或者一个组或图层中的所有对象来创建剪切组合。

对象级剪切组合在"图层"面板中组合成一组。如果创建图层级剪切组合，则图层顶部的对象会剪切下面的所有对象。对对象级剪切组合执行的所有操作（如变换和对齐）都基于剪切蒙版的边界，而不是未遮盖的边界。在创建对象级的剪切蒙版之后，只能通过使用"图层"面板和"直接选择工具"或隔离剪切组来选择剪切的内容。

在 Illustrator 中，有剪切蒙版和不透明蒙版两种。

（1）剪切蒙版

剪切蒙版可以裁切部分图形，从而只有一部分图形可以透过创建的一个或者多个形状得到显示。将一个椭圆置于要裁剪的图像之上，通过执行"对象 > 剪切蒙版 > 建立"命令对图形进行遮色。图12-62所示为应用剪切蒙版前的效果，图12-63所示为应用剪切蒙版后的效果。

图12-62　剪切蒙版前　　　　图12-63　剪切蒙版后

在应用了剪切蒙版后，用户可以使用任意的路径编辑工具调整作为蒙版物体的形状，就像调整被遮色的物体一样。可以使用"直接选择工具"调整路径，也可以使用"编组选择工具"在一个组中隔离对象或选中整个对象。

制作蒙版的路径包括一般路径、复合路径以及创建为外框后的文字。同蒙版所遮盖的对象包括多个对象组合的部分、个别对象以及置入的位图。为了使多个物体作为一个蒙版，首先需要将这些对象同时选中，并且把它们制作成复合路径。无论在何种情况下，由多个对象所形成的复合路径都能制作成一个单一的蒙版。

使用文字工具在页面上输入"Adobe"（不需要转换成轮廓）。将它置于图像之上，如图12-64所示，选中这两个对象，单击鼠标右键，在弹出的快捷菜单中选择"建立剪切蒙版"，即可出现剪切蒙版效果，如图12-65所示。

图12-64　剪切蒙版前

图12-65　剪切蒙版效果

使用剪切蒙版时还要有以下几个技巧：

①快速地搜索图形中使用的蒙版。首先取消所有对象的选择状态，然后选择"选择 > 对象 > 剪切蒙版"命令，就可以搜索到大多数的蒙版，但它无法搜索到被链接的 EPS 或 PDF 文件中的蒙版。

②在 Illustrator 早期的版本中，蒙版是获得某些效果的唯一方法。现在可以使用渐变网格，路径查找器也提供了多种修剪方案。但是当图形中具有笔画效果时，最好还是使用蒙版来遮色，因为在执行路径查找器的某些命令时会删除笔画效果。

③当文件中存在较多的蒙版或者被遮色的对象路径较为复杂时，大量的内存将被占用，可能会导致文件无法打印。导致文件无法打印的原因是蒙版问题，所以可以将蒙版和被遮色的对象选中，然后选择"对象 > 隐藏 > 所选对象"命令将它们暂时隐藏，然后再尝试打印。隐藏蒙版可以释放出更多的内存。

（2）不透明蒙版

不透明蒙版可以将不透明蒙版中填充的颜色、图案或者渐变色添加到下面的图形中。

选择两个图形，位于上面的图形可作为不透明蒙版。如果只选择一个图形，则会产生一个空白的蒙版。

一旦产生不透明蒙版，不透明蒙版的图标会出现在被蒙版的图形图标的右边。默认状态下，在两个图标中有一个链接符号，这表示蒙版和被蒙版的图形处于链接的状态，在画板上它们会作为一个整体移动。

创建不透明蒙版的步骤如下：

①选择要制作蒙版的图形，如图12-66所示，确定作为蒙版的图形在被蒙版的图形之上，如图12-67所示。

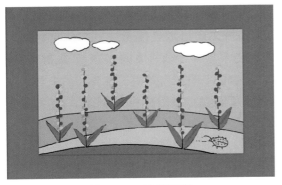

图12-66　选择图形

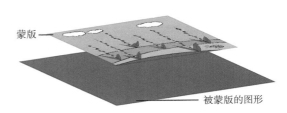

图12-67　确定图形的位置关系

②单击"透明度"面板上的小三角按钮，在弹出的菜单中选择"建立不透明蒙版"命令，此时，"透明度"面板的显示如图12-68所示，被蒙版后的图形如图12-69所示。

要移走或者解除不透明蒙版，可选中将要解除的蒙版图形，然后单击"透明度"面板上的小三角按钮，在弹出的控制菜单中选择"释放不透明蒙版"命令或者选择"停用不透明蒙版"。

图12-68 "透明度"面板

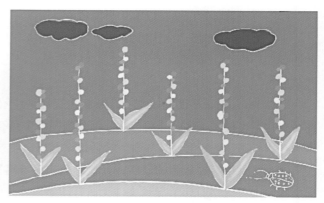

图12-69 被蒙版后的效果

第十三章

板鞋效果图绘制

13.1 创建文档与格式设置

①打开 AI，新建文档，大小为 A4，方向为横向，颜色模式为 RGB 模式。如图13-1所示。

②选择"文件"→"置入"命令，置入板鞋图片或手绘稿。如图13-2、图13-3所示。

③置入图片后，在属性栏上点击"嵌入"命令即可完成图片的置入。然后选择"对象"→"锁定"→"所选对象"（快捷方式为"Ctrl+2"）来锁定置入的板鞋图片或手绘稿，这样可使置入的图层不产生位移，以保证之后操作的精确性。如图13-4至图13-6所示。

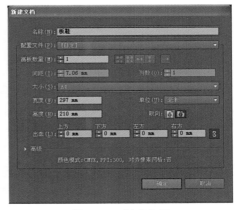

图 13-1　新建文档

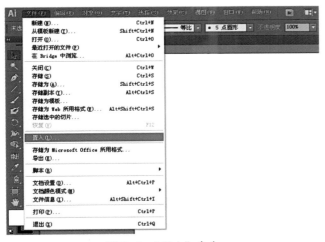

图13-2　"置入"命令

图13-3　选择嵌入图片

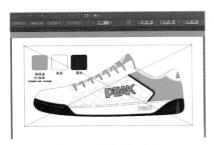

图13-4　"嵌入"命令

图13-5　"锁定"图层

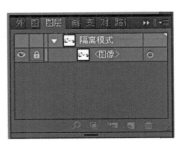

图13-6　"锁定"图层

④在图层面板上点击"新建图层"命令，并双击图层，在弹出的"图层选项"对话框中更改相应的图层选项。如图13-7所示。

⑤在工具箱中选择"钢笔工具"，并在使用"钢笔工具"之前，先去掉填充色，把轮廓色更改为亮度较高的颜色，然后将描边的宽度值设置为最细，更改颜色主要是让结构线更加醒目，如图13-8所示。

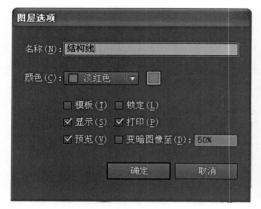

图13-7 "图层选项"对话框

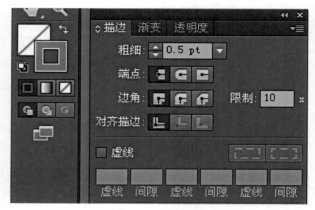

图13-8 轮廓设定

13.2 绘制板鞋结构与配件

①使用钢笔工具勾勒板鞋的结构线条，先勾勒板鞋的外轮廓，让其形成一个闭合的路径，如图13-9所示。

②继续勾勒其他结构线条，此时要注意车缝线先不用画，因为车线要独立一个图层，还有在勾勒结构线条时要让线条之间有相互交叉，以保证之后使用"分割"命令时，能正确的分割每一个部件，如图13-10所示。

图13-9 勾勒外轮廓

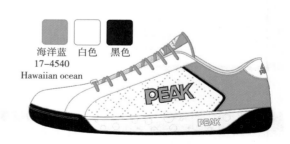

图13-10 勾勒结构线

③新建一个图层，绘制车缝线。绘制完车缝线后，再新建一个图层，绘制商标结构线，如图13-11、图13-12所示。

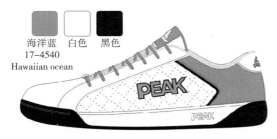

图13-11　绘制车缝线　　　　　　　　　　　图13-12　绘制商标结构线

④新建一个图层，绘制鞋眼，首先绘制一组同心圆，然后给小的圆圈填充黑色；打开渐变面板，对大的圆圈填充黑白渐变，并将渐变类型更改为"径向"，把渐变滑块调节为如图13-13所示的鞋钎效果。

图13-13　绘制鞋眼

13.3　分割板鞋结构与颜色填充

①选择结构线图层，并选中所有结构线，打开"路径查找器"面板，使用"分割"命令，分割板鞋的每一个部件，如图13-14所示。

②在执行"分割"命令前一定要确保所有结构线有交叉，这样才能确保分割后每一个部件都是独立的。分割完后，根据不同版本，有的结构线会失去颜色，有的不会，如

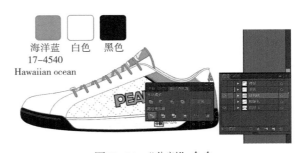

图13-14　"分割"命令

果失去颜色工具箱中的"描边"按钮会出现问号，这时只需双击"描边"按钮，在弹出的"拾色器"对话框中选择黑色，然后单击"确定"按钮即可为结构线重新描边，如图13-15、图13-16所示。

③由于系统默认的描边粗度一般是1pt，我们可以根据自己的喜好在属性栏上的"描边"选项中选择自己需要的描边粗度。更改完描边粗度后，用直接选择工具选择各个部件填充自己所需要的颜色，如图13-17、图13-18所示。

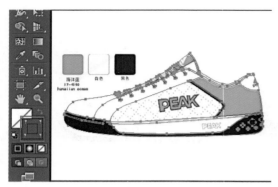

图13-15　重新描边

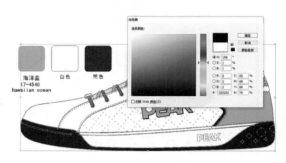

图13-16　重新描边

图13-17　设置结构线的粗度

图13-18　填充颜色

13.4　板鞋效果图绘制

①填充完颜色后，就可以开始做效果了，首先从鞋底开始，选中黑色橡胶部件，按 Ctrl+C，然后按 Ctrl+F 原位复制黑色橡胶部件，选择渐变调板，在调板的类型选项中选择"线性"选项，并设置好渐变滑块的透明度和渐变的角度。设置完渐变后，执行"效果"→"纹理"→"纹理化"，如图13-19、图13-20所示。

②执行"纹理化"选项后根据自己的需要对各参数进行设置。如图13-21所示，设置完后选择白色中底部件，按 Ctrl+C，然后按 Ctrl+F 原位复制黑色橡胶部件，选择渐变调板，在调板的类型选项中选择"线性"选项，并设置好渐变滑块的透明度和渐变的角度。如图13-22所示。

图13-19　设置渐变

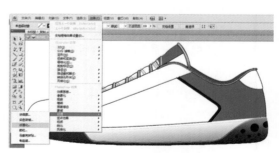

图13-20　执行"纹理化"

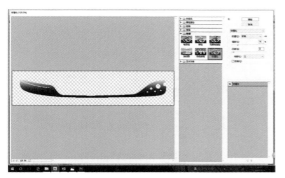

图13-21 设置纹理化参数

图13-22 设置中底渐变参数

③选择后套蓝色部件，然后按 Ctrl+C，然后按 Ctrl+F 原位复制黑色橡胶部件，选择渐变调板，在调板的类型选项中选择"线性"选项，并设置好渐变滑块的透明度和渐变的角度。选择不透明度调板，并在调板中设置其不透明度为80%。如图13-23、图13-24所示。

④根据渐变的调节方法对帮面需要进行渐变效果制作的各部件进行设置与调节，由于在进行切割时，鞋舌部件被切割得比较零碎，为了方便效果的制作，我们需要对它建立复合路径，方法为执行"对象"→"复合路径"→"建立"，如图13-25所示。

⑤由于鞋舌部件为网布材质，因此我们需要鞋舌制作网布材质文件，首先用钢笔工具绘制一条倾斜的直线，然后按住"Alt"键，并用鼠标水平拖动该直线复制一条直线，接着按"Ctrl+D"可连续复制多条直线，复制完线条后框选按"Ctrl+G"进行编组，之后将编组后的线条复制一份，并在画面中单击鼠标右键在弹出的下拉菜单中选择"变换"→"对称"，如图13-26至图13-28所示。

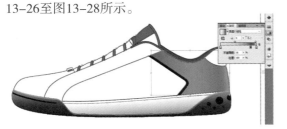

图13-23 设置渐变

图13-24 设置不透明度

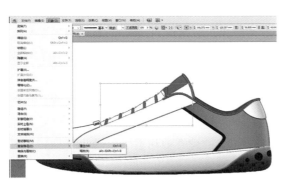

图13-25 建立复合路径

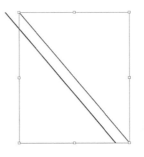

图13-26 绘制直线

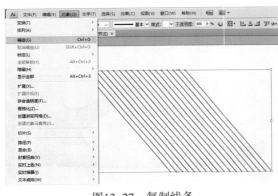

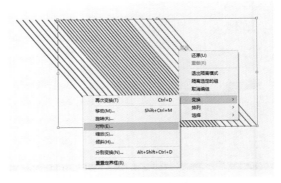

图13-27　复制线条　　　　　　　　　　　　图13-28　变换线条

⑥调整好变换后的线条，然后选择矩形工具在交叉线条中绘制一个矩形，并使其四个边角落在线条的交叉点上，然后将矩形的填充和描边均改为无填充和无描边。之后在矩形图形上单击鼠标右键在弹出的下拉菜单中选择"排列"→"置于底层"。如图13-29、图13-30所示。

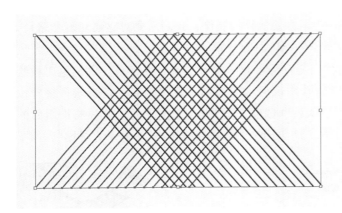

图13-29　调整线条交叉　　　　　　　　　　图13-30　设置矩形图形

⑦选中所有线条和矩形图形，并将其拖至色板调板中，然后选中鞋舌部件，单击色板调板中新建的网布色板，即可对鞋舌部件进行填充。如图13-31、图13-32所示。

⑧选中鞋带部件，选择渐变调板，在调板的类型选项中选择"线性"选项，并设置好渐变滑块的颜色、数量与渐变的角度。设置完即可得到立体效果，如图13-33所示。也可根据需要执行"效果"→"纹理"→"纹理化"等选项。然后将其渐变效果用吸管工具复制给每一个鞋带部件，如图13-34所示。

⑨接下来要为中帮白色部件填充材质，首先在板鞋文件中置入一张所需的材质文件，并在文件上单击鼠标右键在弹出的下拉菜单中选择"排列"→"置于底层"，然后同时选中材质文件和中帮白色部件，并单击鼠标右键在弹出的下拉菜单中选择"建立剪切蒙版"。如图13-35、图13-36所示。

⑩建立完剪切蒙版后，根据需要选择不透明度跳板设置材质的不透明度，最后根据制作鞋

带效果的方法，为鞋舌里布和翻口里布填充效果，即可完成板鞋的效果图制作了。如图13-37、图13-38所示。

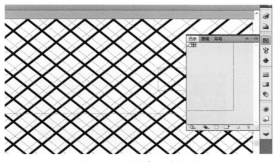

图13-31　创建网布色板

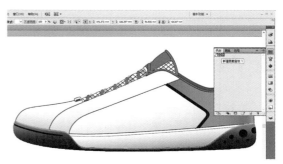

图13-32　填充鞋舌

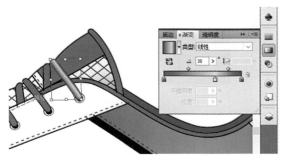

图13-33　设置鞋带渐变

图13-34　复制鞋带渐变效果

图13-35　将材质置于底层

图13-36　建立剪切蒙版

图13-37　设置材质的不透明度

图13-38　最终效果

第十四章
跑鞋效果图绘制

14.1 创建文档与格式设置

①打开 AI，新建文档，大小为 A4，方向为横向，颜色模式为 RGB 模式。如图14-1所示。

②选择"文件"→"置入"命令，置入板鞋图片或手绘稿。如图14-2、图14-3所示。

③置入图片后，在属性栏上点击"嵌入"命令即可完成图片的置入。然后选择"对象"→"锁定"→"所选对象"（快捷方式为"Ctrl+2"）来锁定置入的板鞋图片或手绘稿，这样可使置入的图层不产生位移，以保证之后操作的精确性。如图14-4、图14-5所示。

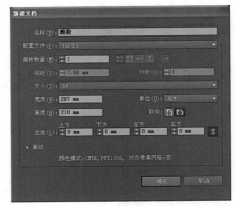

图14-1　新建文档

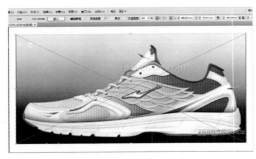

图14-2　"置入"命令

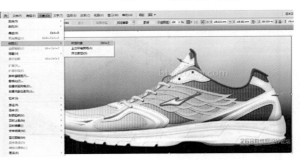

图14-3　选择嵌入图片

图14-4　"嵌入"命令

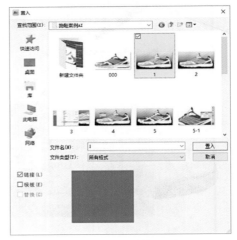

图14-5　"锁定"图层

14.2　绘制跑鞋结构与配件

　　①与板鞋案例的绘制一样，新建一个图层绘制出跑鞋的结构线，画结构线时要确保每一条线有相互交叉，然后再新建另一个图层绘制跑鞋的车线。如图14-6、图14-7所示。

　　②绘制完车线后，新建一个图层绘制鞋眼孔，然后再新建一个图层绘制鞋带，这是因为鞋眼孔和鞋带是独立闭合的部件，不需要参与路径切割。但是我们看到的鞋带有两部分，一部分是上层鞋带，能看到完整闭合的，另一部分是下层鞋带，被上层鞋带压住，这边我们只画上层完整闭合的鞋带即可。如图14-8、图14-9所示。

图14-6　绘制结构线

图14-7　绘制车线

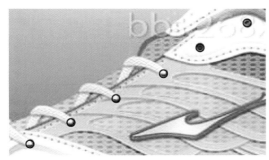

图14-8　绘制鞋眼孔

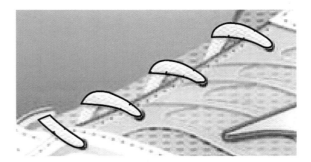

图14-9　绘制鞋带

14.3　分割跑鞋结构与颜色填充

　　①选择结构线图层，即选中鞋带与鞋眼孔以外的所有结构线，打开"路径查找器"面板，使用"分割"命令，分割板鞋的每一个部件。分割完部件后，用直接选择工具选择各个部件填充自己所需要的颜色，如图14-10、图14-11所示。

　　②在给各个部件填充颜色时，要注意中帮的飞翼造型部件是半透明的，是能够看到网布的肌理效果的，但是执行切割命令后，网布部件是分散独立的，飞翼部件下面并没有网布，再加上此款跑鞋的网布是统一的渐变颜色，而分散部件很难在渐变上达到统一，因此，需要重新绘制一个统一的网布部件，如图14-12、图14-13所示。

图14-10　路径查找器

图14-11　执行分割命令

图14-12　填充颜色

图14-13　重新绘制帮面网布

③中帮的飞翼造型部件是半透明的，而且边沿和内部的透明度也不同，因此需要分别设置不透明度，如图14-14、图14-15所示。

图14-14　设置飞翼内部不透明度

图14-15　设置飞翼边沿不透明度

14.4　跑鞋效果图绘制

各部件效果的制作方法和板鞋效果制作相似，这里不再赘述，仅讲解一些和板鞋效果不一样的部件效果制作。

①如图14-16所示，鞋底部件效果的制作和板鞋鞋底效果的制作基本相同，但是在做完渐变后增加了纹理化滤镜，使其具有更好的质感，具体参数如图14-17所示。

②在给网布做完渐变效果后，可为网布部件添加滤镜让其有更丰富的质感，执行"效果"→"艺术效果"→"塑料包装"，具体参数调节如图14-18、图14-19所示。

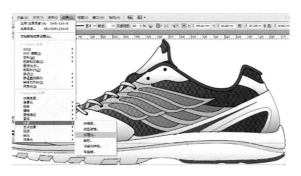

图14-16　纹理化滤镜命令

图14-17　纹理化滤镜参数

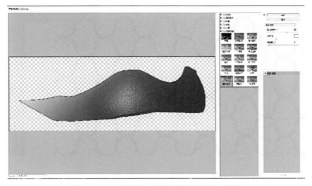

图14-18　调节"塑料包装"参数

图14-19　"塑料包装"效果

③鞋舌和帮面部件的网布效果和板鞋鞋舌网布效果的制作方法相似，但纹理类有不同，首先用钢笔工具绘制一条波浪线，如图14-20所示。然后按住"Alt"键，并用鼠标垂直拖动该直线复制一条波浪线，并在画面中单击鼠标右键在弹出的下拉菜单中选择"变换"→"旋转"，旋转角度为180°，如图14-21所示；然后按确定即可，接着调整两条波浪线的位置关系，如图14-22所示。选两条波浪线，按住"Alt"键，并用鼠标垂直拖动该直线复制一组波浪线，接着按"Ctrl+D"可连续复制多组波浪线，如图14-23所示。

④然后选择矩形工具在交叉线条中绘制一个矩形，并使其四个边角落在线条的交叉点上，然后将矩形的填充和描边均改为无填充和无描边。之后在矩形图形上单击鼠标右键在弹出的下拉菜单中选择"排列"→"置于底层"。

图14-20　绘制波浪线

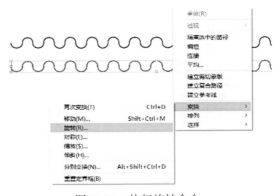

图14-21　执行旋转命令

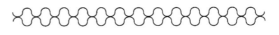

图14-22　调整波浪线的位置

之后选中所有线条和矩形图形，并将其拖至色
板调板中，然后选中鞋舌部件，单击色板调板
中新建的网布色板，即可对鞋舌和帮面网布部
件进行填充，如图14-24、图14-25所示。

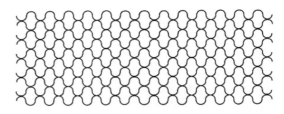

图14-23　复制波浪线

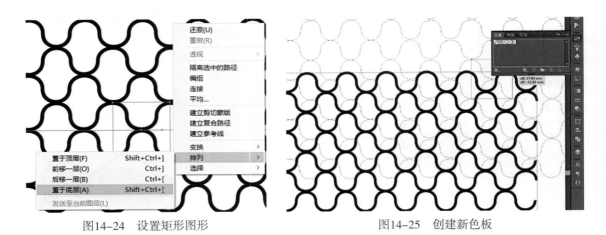

图14-24　设置矩形图形　　　　　　　　　　图14-25　创建新色板

⑤创建完色板后选择网布部件，按 Ctrl+V，然后按 Ctrl+F 原位粘贴，再单击工具箱中的
"默认填色和描边"按钮，为其填充白色和描边，在确保复制的网布部件选中的状态下，单击新
创建的色板，效果如图14-26、图14-27所示。

图14-26　填充"默认填色和描边"

图14-27　填充网布色板

⑥运动鞋的领口由于保护的需要，会放置海绵部件，因此会一定凸起，接下来我们要做凸
起的效果，在领口下方绘制一条曲线，然后把曲线的描边粗细更改为8，如图14-28所示。接着
执行"效果"→"模糊"→"高斯模糊"。最后将其不透明度更改为40%，如图14-29、图14-30
所示。

图14-28 绘制线条

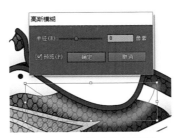
图14-29 设置高斯模糊

图14-30 设置不透明度

⑦最后打开车线图层，设置车线的描边粗细和车线的针距即可完成跑鞋的效果图制作了，如图14-31所示。

图14-31 跑鞋最终效果

第十五章

篮球鞋效果图绘制

15.1 篮球鞋结构绘制与部件分割

①打开 AI，新建文档，选择"文件"→"置入"命令，置入篮球鞋图片，置入图片后，在属性栏上点击"嵌入"命令即可完成图片的置入。然后选择"对象"→"锁定"→"所选对象"（快捷方式为"Ctrl+2"）来锁定置入的篮球鞋图片，这样可使置入的图层不产生位移，以保证之后操作的精确性。之后与板鞋和跑鞋案例的绘制一样，新建一个图层绘制出篮球鞋的结构线，画结构线时要确保每一条线有相互交叉，以保证执行"切割"命令时，每一个部件都能切割到。如图15–1、图15–2所示。

图15–1　绘制篮球鞋的结构线

图15–2　检查结构线是否交叉

②选择结构线图层，打开"路径查找器"面板，使用"分割"命令，分割篮球鞋的每一个部件。分割完部件后，用直接选择工具选择各个部件填充自己所需要的颜色，如图15–3、图15–4所示。

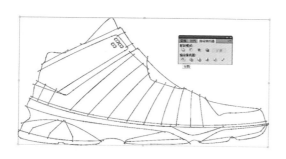

图15–3　执行"分割"命令

图15–4　填充各部件颜色

15.2 颜色填充与效果图绘制

填充完颜色后就可以开始给各部件做效果了，各部件效果的制作方法与板鞋和跑鞋效果制作相似，这里不再赘述，仅讲解一些效果不一样的制作方法。

①如图15-5、图15-6所示，鞋底黑色橡胶部件效果的制作和板鞋鞋底效果的制作基本相同，除了增加了"纹理"滤镜中的"纹理化"，还要为其增加"艺术效果"滤镜中的"塑料包装"，使其具有更好的质感，具体参数如图15-7、图15-8所示。

②中底部件和跑鞋中底的效果差不多，但为了增强立体效果，可以在执行"纹理化"滤镜后，再为其添加"渐变"效果。选中需要渐变的部件，先按"Ctrl+V"，然后再按"Ctrl+F"进行原位粘贴操作，最后打开"渐变"调板进行相关的参数设置，如图15-9、图15-10所示。

③鞋底后跟中底部件缺乏立体效果，可为其添加一个如图15-11的部件，然后再把添加部件的不透明度调低来增加其立体效果，如图15-12所示。

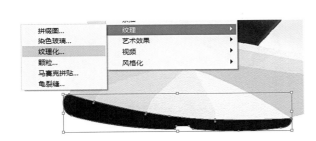

图15-5 "纹理化"滤镜

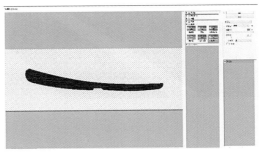

图15-6 设置参数

图15-7 "塑料包装"滤镜

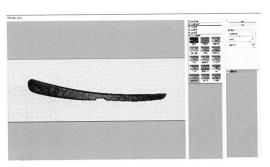

图15-8 设置参数

图15-9 选择部件

图15-10 渐变参数设置

图15-11　添加部件

图15-12　调节不透明度

④接下来看一下帮面部件的效果，选中脚踝处的黑色部件，执行"效果"→"艺术效果"→"塑料包装"，具体参数调节如图15-13、图15-14所示。同理，其他黑色部件可参照此方法来制作。

图15-13　选择部件

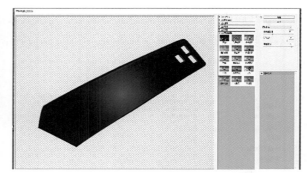

图15-14　设置"塑料包装"滤镜参数

⑤鞋头白色部件在执行"剪切蒙版"后，缺少明暗关系，因此可以为其添加黑白渐变效果，选择该部件，为了保持该部件的肌理效果，可先按 Ctrl+V，然后再按 Ctrl+F 进行原位粘贴操作，然后打开渐变调板进行参数调节，在调节渐变效果时要把白色的渐变滑块的不透明度更改为0。为了让其效果更加自然，可打开不透明调板进行不透明度的调节，具体操作如图15-15、图15-16所示。其他相同材质部件的效果可参照此方法来制作。

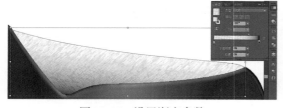

图15-15　设置渐变参数

图15-16　设置不透明度参数

⑥中帮白色部件虽然执行了"塑料包装"滤镜，但是明暗效果并不理想，因此也可为其添加黑白渐变效果来增强立体感。由于这些部件靠得比较近，因此可以按住"Shift"加鼠标单击选中中帮，所以白色部件一起进行渐变效果制作，具体方法同上。参数调节如图15-17、图15-18所示。

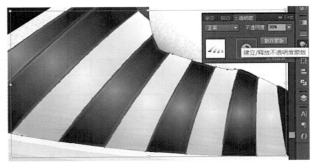

图15-17　设置渐变参数　　　　　　　　　　图15-18　设置不透明度参数

⑦其他部件的效果制作和之前的板鞋、跑鞋的效果制作基本相似，这里不再展开，最终效果如图15-19所示。

图15-19　最终效果

附录　运动鞋配色 100 例

主色	衬托色	点缀色		主色	衬托色	点缀色		主色	衬托色	点缀色		主色	衬托色	点缀色
白桦	浅桃红	中灰		珍珠蓝	中灰	大红		水银	铁绿	棕榈绿		银蓝灰	月色	淡黄
浅蓝灰	灰 深蓝	淡黄		虹蓝	银	深蓝		柔和绿	黑 中灰	银		青灰	银	淡青绿
静紫	雨灰 黑	橘红		浅月色	白 深蓝	中黄		艳黄绿	白	宝蓝		钢灰	黑	宝蓝
浅米	淡兰花 酒红	黑		海蓝	黑	银		冰蓝	白	黑		麻雀灰	深蓝	黑
米色	碳灰	中国红		宝蓝	白	银		烟蓝	碳灰	银		深灰	大红	黑
浅米	白			粉蓝	深蓝	橘黄		黑	中灰 月色	银		深灰	月色 黑	银
棕黄	白			尼罗蓝	深蓝	黄		黑	银	大红		碳灰	中灰	月色
金黄	黑	银		群青	白 黑	淡黄		黑	酒红	银		冷白	灰绿	银
中黄	朴蓝	浅灰		深蓝	柠檬			黑	中黄	银		银	深蓝	柠檬
淡咖啡	深灰褐	枣红		深蓝	银 白	月色		黑	月色	银		银	黑	大红
白	黑	银		白	中灰	银		浅灰	尼罗蓝	银		白	大红 黑	银
白	深蓝	银		白	浅灰 深蓝	银		浅灰	大红	银		白	月色 深蓝	柠檬
白	深蓝 草绿			白	中灰	荧光黄		浅灰	碳灰	橘黄		白	深蓝 银	淡黄
白	银			白	中灰 浅灰	橘红		浅灰	尼罗蓝	大红		白	中灰 深蓝	橘红
白	湖蓝	银		白	珊瑚岛 深蓝	银		浅灰	白 灰蓝	深蓝		白	黑	大红
白	深蓝	荧光黄		白	中灰	月色		浅灰	碳灰	大红		白	碳灰 金	青蓝
白	中国红	黑		白	紫罗兰	浅月色		石板灰	深蓝	银		白	深蓝 烟蓝	中黄
白	香槟	红光蓝		白	艳丁香	银		中灰	黑	桃红		浅灰	一品红	黑
白	黑	橘黄		白	橘黄	银		中灰	钢灰	浅雪青		浅灰	碳灰	淡黄
白	浅灰	大红		白	柠檬 深蓝	银		野鸽灰	橘黄			浅灰	深蓝	橘黄

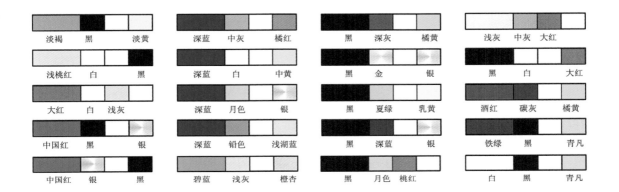

淡褐　黑　淡黄	深蓝　中灰　橘红	黑　深灰　橘黄	浅灰　中灰　大红
浅桃红　白　黑	深蓝　白　中黄	黑　金　银	黑　白　大红
大红　白　浅灰	深蓝　月色　银	黑　夏绿　乳黄	酒红　碳灰　橘黄
中国红　黑　银	深蓝　铅色　浅湖蓝	黑　深蓝　银	铁绿　黑　青凡
中国红　银　黑	碧蓝　浅灰　橙杏	黑　月色　桃红	白　黑　青凡

注：随着时代的发展，鞋样产品的颜色设计也在不断的变化发展，一般运动鞋配色理论上可以
1～5个颜色，但在实际应用中一般是2～3个较多（黑白不算）。在运动颜色设计上没有什么标
准，关键的是颜色搭配要协调，以上运动鞋配色100例仅供参考，但是仅这100个配色方案远远
不能概括所有的运动鞋配色！在使用时应该注意一点，运动鞋配色一般主色要大于50%，衬托色
是用来区分主色的，使整个配色有层次，而点缀色则是起到"画龙点睛"的作用。

参考文献

[1] 柏松. 中文版 Photoshop CC 完全自学手册［M］. 北京: 清华大学出版社，2014.

[2] 李金明，李金荣. 中文版 Photoshop CS6 完全自学教程［M］. 北京：人民邮电出版社，2012.

[3] Steve Caplin 著. Photoshop CS3 以假乱真的艺术［M］. 杨志锋，杨昕立，译. 北京：电子工业出版社，2008.

[4] Adobe 公司. Adobe Illustrator CS6 中文版经典教程(彩色版)［M］. 武传海，译. 北京：人民邮电出版社，2014.

[5] 张明真，闫晶，汪可. Adobe Photoshop CS 标准培训教程［M］. 北京：人民邮电出版社，2008.

[6] 汪可. Adobe Illustrator CS6 标准培训教材［M］. 北京：人民邮电出版社，2013.

[7] 陈念慧. 鞋靴设计效果图技法［M］. 北京：中国轻工业出版社，2011.

[8] 杨志锋. 鞋样造型设计与表现［M］. 北京：中国物资出版社，2010.

[9] 杜少勋. 运动鞋设计［M］. 北京：中国轻工业出版社，2007.